兔子的快樂飼養法

町田修◎監修
賴純如◎譯

和可愛的兔子一起快樂生活的6大秘訣

要永遠當好朋友喔！

兔子是現在極受歡迎的寵物，
可愛的體型和表情就不用說了，
能夠和飼主進行交流、快樂地生活
也是讓牠人氣紅不讓的理由之一。
為了要讓你與兔子的感情更加親密，
接下來要介紹的是一定要知道的6大秘訣!!

兔子不太會叫，也幾乎沒什麼味道，
因此可以在家中與人類一起愉快地生活。

1 兔子來到家中後，要溫柔地對待牠

大部分的兔子都是膽小又害羞的。將牠接回家後，請不要急躁，一點一點地和牠變成好朋友吧！

剛開始的
1～2天請
不要在意我。

迎接小兔子的時期最好是在出生後1個半月到3個月左右。

由於兔子對環境的變化很敏感，因此請先從讓牠習慣新家開始吧！

出現不同於平常的聲音或味道時，兔子就會豎起耳朵、用兩腳站起來，查探周圍的情況。

如果能理解兔子的心情，就能營造更深厚的信賴關係。

兔子的嗅覺很靈敏，要是帶牠去不熟悉的地方，鼻子就會動個不停地嗅聞味道。

2 如果飼主能理解牠的心情，那就太好了！

兔子害怕時，就會擺出警戒四周的姿勢；感到高興時，就會四處跑跳。牠們經常會用動作來表現各種情緒喔！

兔子在放鬆時，經常會用腳來梳理被毛。

兔子的地盤意識很強，如果有專屬於自己的空間就會覺得安心。

3 要準備可以讓牠放鬆休息的住家

野生的穴兔會在巢中休息。對兔子來說，可以放鬆休息的住家是不可或缺的。請在籠中備齊必要的用具，為牠準備一個舒適的家吧！

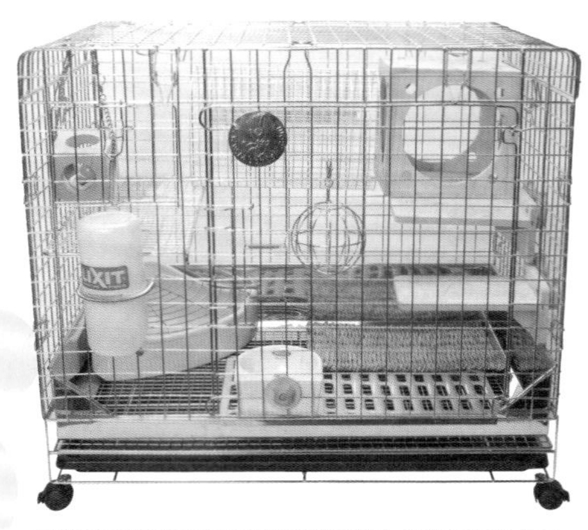

建議選用通風良好又牢固的鐵籠來當作兔子的住家。

餐碗建議選擇固定式的，或是耐用又具有安定感的陶器。

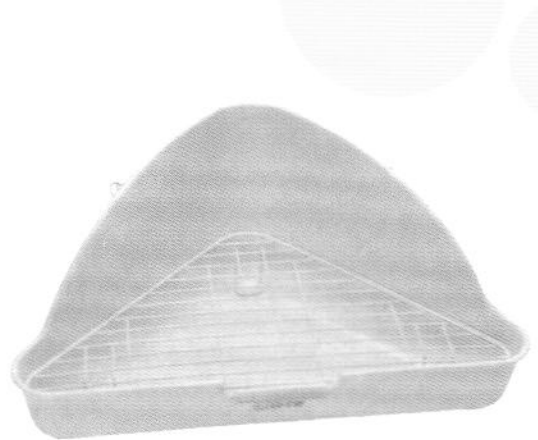

由於兔子具有在固定場所排泄的習慣，因此籠中也要設置便盆。

為了方便兔子隨時飲水，飲水瓶內要裝滿新鮮的水。

籠子請選擇可以讓牠伸展身體、充分放鬆休息的大小。

狹窄的地方會讓兔子感到安心，因此在籠中放入巢箱，可以讓牠的心情平靜。

飼料是兔子的綜合完全營養食。請選擇硬度恰當又容易食用的大小。

牧草對兔子的身體很好，因此要每天供應，讓牠隨時都能吃到。成兔建議選用低熱量的稻科的提摩西草（梯牧草）。

親手餵食牠最愛吃的蔬菜，也有助於飼主和兔子進行交流。

4 因為是草食性，所以最愛吃牧草和蔬菜

兔子是完全的草食性動物。請給牠新鮮的牧草和營養均衡的飼料作為每天的主食。也有很多兔子喜歡蔬菜、野草和水果呢！

草莓也是兔子最愛的食物之一。但因為糖分較高，要注意別餵食太多了。

青花菜等黃綠色蔬菜有豐富的營養，是對兔子的身體極佳的食物。

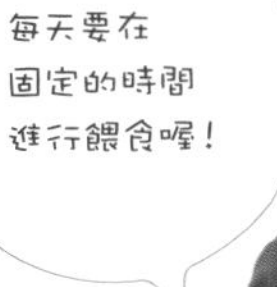

木製玩具可以拿來啃咬或是滾著玩，有很多種玩法呢！

有些兔子對玩具有興趣，有些則是完全沒興趣。就算牠不玩，飼主也別太難過喔！

5 偶爾也放牠出來，體會一下冒險的感覺吧！

一直關在籠子裡很容易會運動不足。請讓牠每天出來一次，做做運動吧！也有很多兔子喜歡在大自然的環境裡來趟「遛兔」呢！

在去戶外享受「遛兔」時，一定要繫上胸背帶和牽繩喔！

搭乘汽車、火車或巴士時，請將牠裝入提籃中。

外出遊玩時，要小心直射陽光。特別要避免在炎夏的白天進行「遛兔」。

6 每天摸摸牠，並且進行身體的護理

為了讓兔子常保健康，身體檢查和身體護理是不可或缺的。梳毛、剪趾甲等，都要慢慢地練習才能上手喔！

很多兔子都不喜歡被人抱。但如果可以讓人抱的話，信賴關係也會更加深厚，因此還是努力練習吧！

短毛種的兔子必不可少的豬鬃刷。

針梳可用來去除毛球，非常方便。

橡膠刷還有按摩效果喔！

梳毛時必要的用具也要備齊喔！

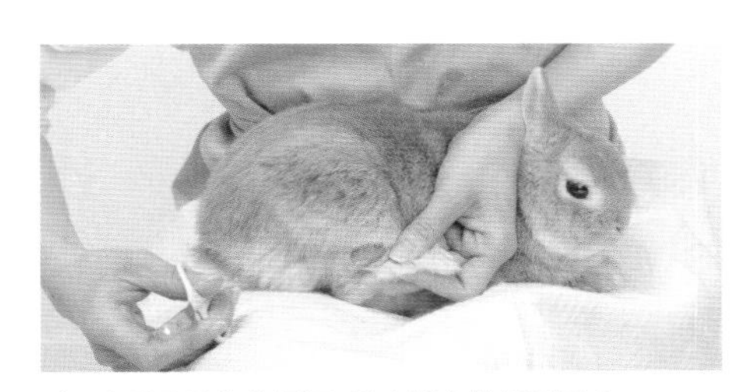

趾甲太長是受傷的根源。請定期為牠剪趾甲吧！

我們這種長毛種的更要仔細梳毛喔！

每天都要摸摸牠，並且檢查一下牠的健康狀態，看看身體有沒有出現異狀。這也是早期發現疾病的關鍵。

從今天起，和兔子一起的HAPPY

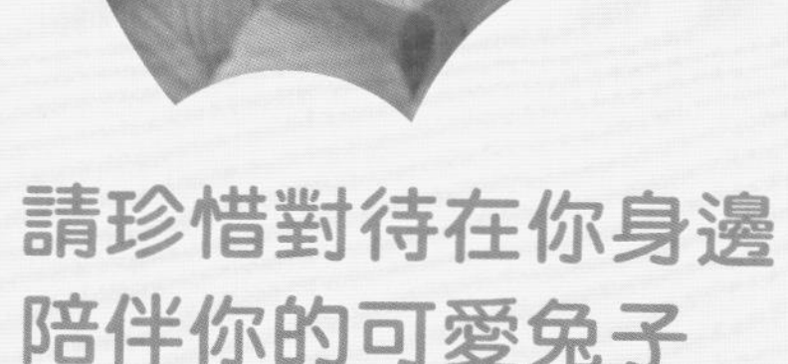

請珍惜對待在你身邊陪伴你的可愛兔子

兔子的魅力多不勝數，最常舉的例子就是：牠總是會陪伴在你身邊，就像是你的朋友和家人一樣，和你一起度過快樂的時光。

和兔子一起生活，牠可愛的舉動可以療癒你心，撫摸牠時柔軟的被毛觸感也可以感受到溫暖，讓人充滿幸福的感覺。

此外，草食性又溫和乖巧的兔子對於初次飼養寵物的人來說也是比較容易照顧的。請務必仔細閱讀本書，了解照顧兔子的方法以及和牠一起遊戲的方法吧！

LIFE 就要開始了!!

身體和教養方面的事，也要確實地理解喔！

雖然兔子超級可愛，但要一起生活，可不是只有疼愛牠就行了，教養也是必要的。飼主必須理解牠的身體特徵，以預防牠生病或受傷。

此外，青春期的兔子會有強烈的自我主張，可能會變得不聽飼主的話。本書也有介紹「和青春期的兔子相處的方法」，在為兔子的行為傷腦筋時，請務必做為參考。

希望本書能幫助各位都能和兔子一同過著快樂而充實的生活。

對兔子來說，離開籠子、在家中自由玩耍的時間也是必要的。

偶爾帶牠外出，讓牠接觸一下大自然也很不錯喔！

兔子也很喜歡被人撫摸身體。請溫柔地撫摸牠的背部和額頭吧！

兔子的
快樂
飼養法

目錄

CONTENTS

和可愛的兔子一起 快樂生活的 6大秘訣

PART 2 了解兔子的相關知識 35

PART 3 準備舒適的住家 51

PART 4 可以讓感情更加親密的教養與護理的基本 71

PART 1

兔子的品種與毛色大集合

基本的品種與毛色

兔子的品種與毛色非常豐富

作為寵物飼養的兔子有許多品種。毛色的變化也非常豐富。

目前的寵物兔約有150個品種。

依品種而異

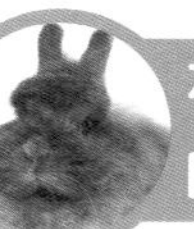

荷蘭侏儒兔和荷蘭垂耳兔的毛色很豐富

一說到兔子，很多人都會想到牠們豎起耳朵的模樣，但其實也有垂耳的品種；另外還有短毛種、長毛種等各種不同的毛長。體型大小也有分成體重1～2kg的小型種、2～4kg的中型種，以及更大型的大型種等。

作為寵物而大受歡迎的是小型種

目前作為寵物而廣受歡迎的是在公寓也很容易飼養的小型兔。從16頁起將會以型錄的方式介紹在兔子專賣店等很容易就能買到的大眾化品種。在這之中，最多人飼養的就是荷蘭侏儒兔和荷蘭垂耳兔。

有些品種擁有30種以上的毛色變化

兔子的毛色非常豐富。荷蘭侏儒兔和荷蘭垂耳兔甚至有30種以上的毛色類型。

作為寵物擁有超高人氣的兔子品種

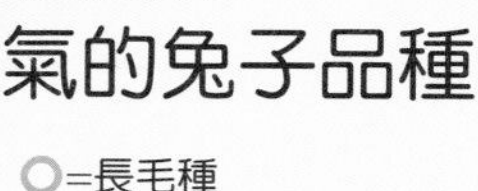

●=短毛種　○=長毛種

立耳

●荷蘭侏儒兔
➡16～21頁

●侏儒海棠兔
➡29頁

○澤西長毛兔
➡30～31頁

澤西長毛兔

垂耳

●荷蘭垂耳兔
➡22～28頁

○美國垂耳兔
➡32～33頁

●英國垂耳兔
➡34頁

●絨毛垂耳兔
➡34頁

荷蘭垂耳兔

毛色分類與毛色變化

以下介紹的兔子毛色分類基準是由ARBA（請參照18頁）所訂定的。
在此介紹的是本書主要出現的6個類型。
※依品種而異，有些毛色的名稱和所屬類型也會不一樣。

全身的毛色都相同

純色 Self

紫丁香色（荷蘭侏儒兔）

全身只有單一種毛色的就稱為純色。雖然實際上底毛的顏色大多不同，但從外觀看來，全身只有一種顏色而已。

【色名】黑色、藍色、巧克力色、紫丁香色等。

有美麗的漸層

漸變色 Shaded

玳瑁色（荷蘭垂耳兔）

這是指背部、頭部（特別是鼻尖）、耳朵、尾巴、腳的顏色較深，以漸層的方式越往腹部顏色越淺的毛色。

【色名】黑貂重點色、暹邏黑貂色、玳瑁色等。

一根毛有3種以上的顏色

野鼠色 Agouti

栗色（荷蘭侏儒兔）

腹部、眼周、下巴下方、尾巴內側是白色的，其他部分則是一根毛有3種以上的顏色。對著被毛吹氣的話，可以看見呈現圈環狀的模樣。

【色名】栗色、金吉拉色、山貓色、寶藍色等。

頸後為橘色或白色

日曬系 Tan Pattern

黑水獺色（荷蘭侏儒兔）

腹部、眼周、耳朵內側、下巴下方、尾巴內側是白色的，其他部分則為黑色或巧克力色。頸部後方呈橘色或白色。

【色名】巧克力水獺色、藍水獺色、黑銀貂色等。

像貓狗一樣的斑紋

碎花 Broken

碎花黑貂重點色（荷蘭垂耳兔）

毛色的底色為白色，上面有斑點花紋。有呈斑點狀的斑點型和呈帶狀花紋的毛毯型。

【色名】碎花黑色、碎花金吉拉色、碎花橘色等。

乍看為單色，但有更淡的部分

大間 Wide Band

橘色（荷蘭垂耳兔）

身體與頭部、耳朵、尾巴、腳是相同的毛色，但眼周、耳內、尾巴內側、下巴下方、腹部等則為更淡一點的顏色時，就稱為大間。

【色名】淡黃褐色、橘色、奶油色、紅色、霜白色等。

荷蘭侏儒兔的毛色很豐富，一定可以找到擁有你喜歡的毛色的兔子。

寵物兔中體型最小、
毛色也豐富的人氣品種

荷蘭侏儒兔
Netherland Dwarf

DATA

原產國：荷蘭
體　長：25cm左右
體　重：0.8～1.3kg左右
類　型：小型種、短毛、立耳
毛　色：除了單色之外，顏色混合的日曬系和漸變色等也很豐富。
價　格：日幣3萬～7萬左右

純色

除了黑色、藍色、巧克力色、紫丁香色之外，也有紅眼白色、藍眼白色等。

紫丁香色

讓人聯想到紫丁香花、由紫色與灰色混合而成的不可思議的顏色。眼睛為藍灰色。

巧克力色

顏色深濃的巧克力色。有適度的光澤，是值得細細品味的色調。眼睛為褐色。

黑色

有天鵝絨般的漂亮光澤，非常美麗的毛色。眼睛為褐色。

藍色

以帶有藍色的深灰色為基調。雖是沉穩的顏色，卻帶有亮度，是很獨特的顏色。眼睛為藍灰色。

特徵

直立的小耳朵和圓滾滾的臉龐非常可愛

短而袖珍的體型，加上圓臉和小耳朵，模樣看起來超級可愛。簡直活脫脫就是從繪本中走出來的兔子。

毛色組合也很豐富，有黑色、巧克力色等單色，以及橘色和淡黃褐色、混合不同顏色的日曬系、漸變色等，可以從中找出自己喜歡的兔子。

個性

雖然很親人，但也有纖細敏感的個體

基本上很容易與人親近，可以與飼主展開快樂的交流。好奇心旺盛又活潑，會展現出各種不同的表情。不過，似乎也有很多兔子非常敏感，會對飼主的行動和態度出現不同的反應。

雖然很多兔子都不喜歡被抱，但也有些個體非常親人，會舔舐飼主的手或臉。配合你所養的兔子的步調，一步一步地拉近距離，就是和兔子培養感情的秘訣。

日曬系

日曬系的毛色組合特別豐富。除了水獺色、銀貂色之外，還有藍水獺色、黑銀貂色等，也有純色系的各種顏色。

巧克力水獺色

以濃厚的巧克力色為基調，腹部為白色。頸後的記號為淡黃褐色。眼睛為褐色。

藍水獺色

基調為深灰色。腹部為白色，頸後為淡黃褐色。眼睛為藍灰色。

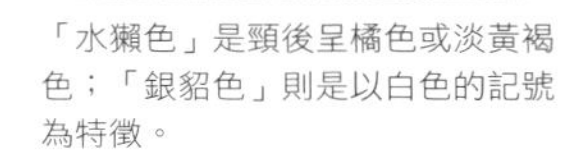

「水獺色」是頸後呈橘色或淡黃褐色；「銀貂色」則是以白色的記號為特徵。

黑水獺色

以有如天鵝絨般豐厚的黑毛為底，腹部為白色。頸後的記號為橘色。眼睛為褐色。

什麼是ARBA？

亦即「American Rabbit Breeders Association（美國兔子繁殖者協會）」，是世界最大規模的非營利團體的兔子協會。有舉辦兔展，以提升兔子的純血種地位為目標。日本也有ARBA的分會。本書介紹的兔子除了絨毛垂耳兔之外，都是ARBA的公認品種。

藍銀貂色

以深灰色為基調色。腹部為白色，頸後的記號也是白色。眼睛為藍灰色。

黑貂色

以暗褐色為基調色，身體側面與胸部的顏色則會漸漸變淡。腹部為白色。眼睛為褐色。

黑銀貂色

以黑色為基調色。腹部為白色，頸後的記號也是白色。眼睛為褐色。

漸變色

鼻尖和腳尖有別的顏色，非常可愛。除了這裡介紹的2種之外，還有暹邏煙燻珍珠色和玳瑁色等。

暹邏黑貂色

全身為暗褐色，越往身體側面、胸部、腹部、腳的內側等顏色會越來越淡。眼睛為褐色。

黑貂重點色

身體為乳白色，鼻尖、腳尖、耳朵、尾巴有暗褐色的漸層。眼睛為褐色。

野鼠色

一根毛有3種以上的顏色，仔細看會發現有各種顏色摻雜在一起，非常漂亮。
除了這裡介紹的4種毛色之外，還有松鼠色等。

金吉拉色

乍看之下全身呈淺灰色，仔細一看則為白點狀。毛根為深灰色，中間為珍珠白色，毛尖則為摻雜了黑色的珍珠白色。眼睛為褐色。

野鼠色的分辨法

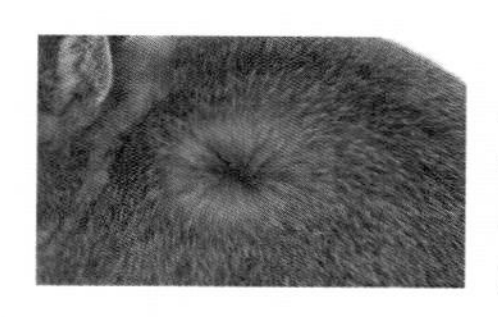

除了白色部分以外的毛，每一根都從毛根到毛尖有3種以上的顏色。對著被毛吹氣的話，可以看見圈環狀的模樣。

寶藍色

好像灰色與淡黃褐色（帶有奶油色的淺褐色）混合而成的微妙色調。眼睛為藍灰色。

山貓色

在淡黃褐色（帶有奶油色的淺褐色）上有淡淡的紫丁香色的色調。眼睛為藍灰色。

栗色

整體為時髦的栗褐色，但也隨處可見帶灰色的毛色。眼睛為褐色。

AOV 由於荷蘭侏儒兔的毛色組合很多，因此不屬於純色、野鼠色、漸變色、日曬系等的許多毛色就都被歸類為AOV（Any Other Variety）。

淡黃褐色

「Fawn」是小鹿的意思。指的是帶有奶油色的淺褐色毛色。眼睛為藍灰色。

橘色

基調色為明亮的橘色。眼周、下巴下方、耳朵內側、腹部和腳的內側為白色。眼睛為褐色。色調有個體差異。

喜馬拉雅色

鼻子、耳朵、腳和尾巴呈現黑色、藍色、巧克力色或紫丁香色的重點色；其他則為白色。眼睛為紅寶石色。

耳朵下垂的荷蘭垂耳兔有著圓圓的臉龐和身體，非常可愛。

個性溫和，
入門者也很容易飼養

荷蘭垂耳兔

Holland Lop

DATA

原產國：荷蘭
體　長：35cm左右
體　重：1.3～1.8kg左右
類　型：小型種、短毛、垂耳
毛　色：橘色、奶油色、黑色、巧克力色等毛色組合非常豐富，斑點（碎花）、漸變色等也很充實。
價　格：日幣4萬～8萬左右

漸變色

毛色豐富的荷蘭垂耳兔在漸層色彩非常美麗的漸變色中也有各種毛色組合。

玳瑁色

被毛為褐色，鼻周、耳朵、腳、腹部有著偏黑色的漸層。玳瑁色指的是像龜甲般的顏色。眼睛為褐色。

黑貂重點色

身體為奶油白色，鼻尖、腳尖、耳朵、尾巴則有暗褐色的漸層。是時髦又沉穩的顏色。眼睛為褐色。

暹邏煙燻珍珠色

頭部、耳朵、背上為煙燻灰色，並且朝臉部、腹部、身體側面等逐漸變淡。眼睛為藍灰色。

藍玳瑁色

整體為帶有灰色的淡黃褐色，鼻周、耳朵、腳和腹部有深灰色的漸層。眼睛為藍灰色。

霜白色

身體為淺珍珠色，對著被毛吹氣的話，可以看見淡淡的圈環狀。鼻子、耳朵、腳的色調略深。眼睛為褐色或藍灰色。

特徵

個子雖小，體格卻意外地健壯

為體型最小的垂耳兔。1950年代，由荷蘭人讓法國垂耳兔與侏儒種交配後，再與英國垂耳兔交配；之後不斷進行改良，1980年在美國所完成的新品種。

毛色組合的多樣性也不輸給荷蘭侏儒兔，也有帶有斑點的碎花型等，種類非常豐富。

個性

不討厭被人摸，個性溫和，很好照顧

個性親人又愛撒嬌，非常溫和；但是反過來也有活潑又自我主張強烈的一面。最喜歡被人撫摸，會跟在人後面到處跑，非常可愛。因為有著大家都喜歡的容貌和個性，在動物療法上也大為活躍。

碎花

有許多毛色組合。以底色為白色，其他顏色的花紋佔全身比例在10%～70%之間的為佳。特徵是鼻子上像蝴蝶一般的花紋，如果沒有這塊花紋，參展時就會失去資格。

碎花玳瑁色

玳瑁色（像龜甲般的褐色）呈不規則地出現在頭部、背上及臀部等。眼睛為褐色。

碎花黑水獺色

在臉上、背部、臀部等處有黑水獺色（黑色、橘色等）的斑點出現。眼睛為褐色。

碎花黑色

身上有黑色的斑點花紋。從遠處看，好像長了鬍鬚一樣的斑點非常有個性。偶爾也會有這樣的斑點出現。眼睛為褐色。

碎花松鼠色

身上有白色及淡而漂亮的灰色混雜而成的斑點。眼睛為藍灰色。

碎花橘色

身上有淡橘色的斑點，是非常可愛的配色。眼睛為褐色。

碎花藍玳瑁色

略帶灰色的淡黃褐色有深有淺地廣泛分佈在背部至腹部一帶。眼睛為藍灰色。

碎花黑貂重點色

底色為奶油白色，臉上、耳朵、背部至臀部則有暗褐色的斑點花紋。眼睛為褐色。

碎花金吉拉色

從臉上到背上，部分性地混雜了金吉拉色特有的帶有灰色的銀色。是散發出沉穩氣氛的毛色。眼睛為褐色。

「斑點型」與「毛毯型」

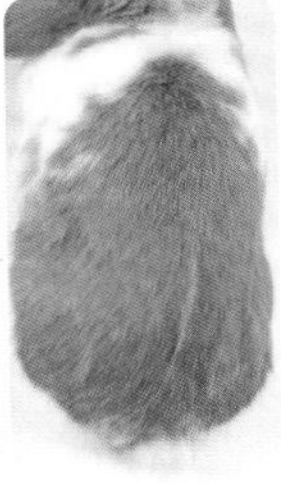

碎花可分為「斑點型」與「毛毯型」2種。「斑點型」是指整體都有斑紋（斑點、色塊）狀的花紋（照片左）。

另一方面，「毛毯型」則是整個背上都有顏色，就像蓋了毛毯一樣（照片右）。

純色

全身只有黑色或藍色等一種顏色。
其他還有巧克力色、紫丁香色、藍眼白色、紅眼白色等。

巧克力色

全身覆蓋著深巧克力色的被毛。有適度的光澤，是值得細細品味的色調。眼睛為褐色。

黑色

全身黑漆漆的，有著如天鵝絨般的閃亮光澤，是極為美麗的顏色。眼睛為褐色。

藍色

以帶有藍色的深灰色為基調。雖是沉穩的顏色，卻帶有亮度，是很獨特的顏色。

荷蘭垂耳兔理想的耳型是？

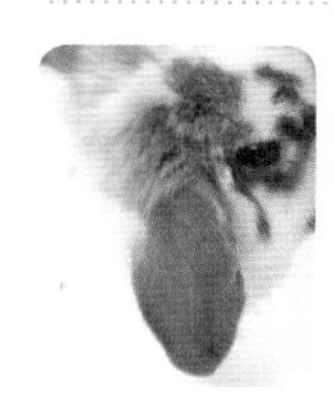

荷蘭垂耳兔的耳朵要像照片一樣，雖然是垂耳，但長度較短，且具有厚度，就像湯匙一樣的形狀為佳。又細又薄的耳朵在ARBA的準則裡是被認為不佳的。

野鼠色

不是單一色調，而是相同色調但有微妙的配色變化的野鼠色，是讓人百看不厭的毛色。大多為沉穩的顏色，但不管是哪種顏色看起來都非常漂亮。

寶藍色

令人聯想到藍寶石的、頗有深度的顏色。腹部的毛是白色的。眼睛為藍灰色。

栗子野鼠色

基調為時髦的栗褐色，並且隨處可見帶有灰色的被毛。眼睛為褐色。

金吉拉色

毛色名稱來自於原產於南美安地斯山脈的老鼠同類「龍貓（Chinchilla）」。帶有銀色的豐厚灰色被毛非常漂亮。眼睛為褐色。

松鼠色

擁有美麗而豐厚、深淺不一的高雅灰色被毛。正如其名，和野生松鼠的毛色非常相像。眼睛為藍灰色。

山貓色

這裡的「山貓」指的是大山貓。這是在具有光澤的淺褐色上，帶有淺紫丁香色的明亮色調。眼睛為藍灰色。

日曬系

頸後有橘色、淡黃褐色、白色等記號的日曬系也很受歡迎。
在顏色較深的黑色或巧克力色毛色上，
下巴下方、耳朵內側、眼周、腹部的白色被毛會顯得更加亮眼。

巧克力水獺色

以濃厚的巧克力色為基調，腹部為白色。頸後的記號為淡黃褐色。眼睛為褐色。

黑水獺色

以有如天鵝絨般豐厚的黑毛為底，腹部為白色。頸後的記號為橘色。眼睛為褐色。

大間

身體、頭部、耳朵、尾巴和腳為相同的顏色，
耳朵內側、尾巴內側、下巴下方至腹部一帶的毛色則顯得較淡。

橘色

讓人感覺溫暖，是很受歡迎的毛色。腹部、腳尖等會偏向白色。眼睛為褐色。

奶油色

以乳褐色為底色，整體好像覆蓋了一層白色般，讓人感覺柔軟又溫和的色調。頸部周圍和腹部為白色。眼睛為藍灰色。

眼睛四周的黑框
為其特徵

侏儒海棠兔

Dwarf Hotot

DATA

原產國：德國
體　長：25cm左右
體　重：1.0～1.3kg左右
類　型：小型種、短毛、立耳
毛　色：只有一種全身為白色，眼周為黑色的標準色。
價　格：日幣4萬～7萬左右

標準色

被毛的類型只有一種而已：全身為白色，只有眼周的毛為黑色。眼睛為暗褐色。

特徵

又短又圓的袖珍體型，全身像雪一樣純白

好像畫了眼線一般有著黑框的眼睛，在全身雪白的顏色中顯得更加醒目。這種眼線稱為「eye band」，以相同的寬度均等圈起為理想。

這是由荷蘭侏儒兔、海棠兔等交配而成的品種，因此整體的體型和荷蘭侏儒兔非常相像。

個性

好奇心旺盛而活潑，很容易與人親近

這是非常活潑又容易和人親近的兔子。好奇心旺盛，但不像荷蘭侏儒兔般膽小，因此就算帶牠外出散步，大多數的個體也會立刻適應。

雖然也有好強的一面，但會與飼主培養出親密的感情，只要好好調教，就是很好飼養的品種。

眼睛的顏色也有不同變化

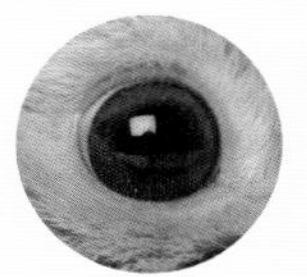

藍灰色

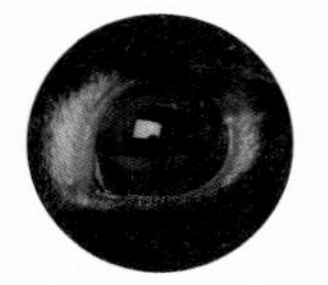

褐色

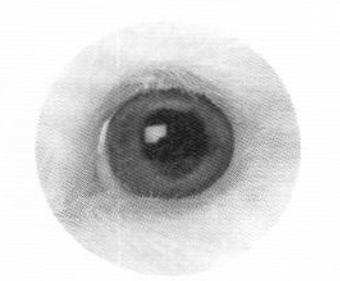

紅寶石色

兔子的毛色非常豐富，眼睛也有好幾種顏色。瞳孔為黑色，四周相當於人類眼睛虹膜的部分則有灰色、藍灰色、褐色等。另外也有呈紅寶石色、稱為紅眼的類型。少數也會有藍色的眼睛。

澤西長毛兔大多為溫馴的個體，雖然是長毛種，
但比較起來清潔保養算是簡單的。也很適合第一次養兔子的人。

長毛的觸感極佳，
個性也很溫和

澤西長毛兔

Jersey Wooly

DATA

原產國：美國
體　長：25cm左右
體　重：1.3～1.6kg左右
類　型：小型種、長毛、立耳
毛　色：除了純色之外，碎花、漸變色等也很充實。
價　格：日幣3萬～7萬左右

ARBA未公認毛色（申請中）

公認品種的毛色，必須要接受ARBA的公認後，才會被認可為正式的毛色。在寵物兔中，有些毛色並未受到公認，但在飼養上並不會有任何問題。

橘色

雖然尚未受到ARBA公認，但在擁有許多時髦毛色的澤西長毛兔中，是很受歡迎的毛色。

純色

除了藍色、黑色以外，也有巧克力色、紫丁香色、紅眼白色、藍眼白色等毛色。

藍色

這是稱為深藍色的濃灰色毛色。底色為帶有灰色的藍色，眼睛為藍灰色。

黑色

全身為黑色，但因底色為深灰色，所以看起來會帶有一些灰色。眼睛為褐色。

碎花

毛色豐富的澤西長毛兔也有碎花型。底色為白色，其他類型的顏色則重點式地出現。

碎花玳瑁色

褐色的玳瑁色呈斑紋狀。眼睛為褐色。眼周和耳朵末端為玳瑁色的獨特褐色。

野鼠色

由於是長毛型的，因此有不同顏色混雜的野鼠色看起來特別漂亮，可以享受不同個體有深有淺的美感。

栗色

為柔和的褐色系，混雜了焦褐色、褐色、淺褐色的微妙色調非常美麗。眼睛為褐色。

特徵

全身覆蓋濃密的被毛，惹人憐愛的可愛長相

1980年代由銀貂兔與荷蘭侏儒兔交配而成，算是比較新的品種。據說由於育種者的出生地在美國紐澤西州，因而以此命名。

體型袖珍而渾圓，全身覆蓋著長5～7.5cm的外層護毛及底毛。耳根處有稱為「wool cap」的裝飾毛。雖然是長毛，但不易糾結，在清潔上算是比較輕鬆的。

個性

極為乖巧溫馴，要抱要整理都不費力

澤西長毛兔的性格非常溫馴，不管是要抱牠或是進行梳毛等身體的清潔保養都幾乎不會抵抗。對於想要享受親密接觸的飼主來說，是極為推薦的品種。

自我主張較少，也不太會自己跑來撒嬌或是耍任性。雖然照顧起來並不費事，但飼主必須要能體會兔子的心情，這點也是很重要的。

全身長滿柔軟的被毛，
非常親人的可愛兔子

美國垂耳兔

American Fuzzy Lop

DATA

原產國：美國
體　長：35cm左右
體　重：1.3～1.8kg左右
類　型：小型種、長毛、垂耳
毛　色：除了純色之外，還有碎花、漸變色、野鼠色等，色彩非常豐富。
價　格：日幣4萬～7萬左右

野鼠色

除了栗色之外，還有金吉拉色、山貓色、寶藍色、松鼠色等不同變化。

栗色

這是時髦又讓人感覺到溫暖的顏色，很受人歡迎。眼睛為褐色。

漸變色

由於是長毛種，漸層色彩看起來更是漂亮。也有暹邏黑貂色、煙燻珍珠色等。

黑貂重點色

以帶有奶油色的白色為基調，鼻子、耳朵、腳、尾巴則為暗褐色。眼睛為褐色。漂亮的配色看起來非常時髦。

玳瑁色

主要為帶有橘色的褐色，臉部、耳朵、腳、尾巴則有偏黑色的漸層。眼睛為褐色。

碎花

由於有幾種其他類型的顏色就有幾種碎花型，所以種類非常多樣。可以選擇自己喜愛顏色的變化組合。

碎花玳瑁色

在白色底色上有玳瑁色的斑紋出現。臉部、耳朵、腳、尾巴則為偏黑色。眼睛為褐色。

大間

除了橘色之外，也有在淡褐色中帶有黃色的淡黃褐色。

橘色

整體呈漂亮的橘色，但身體側面和腹部則相當偏白。即使同為「橘色」，也有色調較深或較淺的個體。眼睛為褐色。

特徵

由荷蘭垂耳兔改良而成的人氣長毛種

簡直就像是用毛海做成的布偶一樣，毛茸茸的模樣讓人印象深刻。其名稱中的「Fuzzy」即是表示毛質豐厚柔軟之意。

為了改良荷蘭侏儒兔的毛質，藉由導入長毛的安哥拉種而做成了長毛的荷蘭垂耳兔「荷蘭長毛兔」——這就是美國垂耳兔的起源。之後再加以改良固定，就誕生了美國垂耳兔。

個性

容易與人親近、愛撒嬌，擁有自我主張的個體也很多

好奇心旺盛，不太會怕人。也經常會自己提出各種要求，或許可以說是自我主張較強的品種。

和荷蘭垂耳兔一樣，非常與人親近，會跟在人後面到處跑。

由於是長毛種，所以必須要經常梳毛才行。

耳朵又長又寬、
充滿個性的大型種

英國垂耳兔
English Lop

DATA
原產國：不明
體　長：40cm左右
體　重：4.0～5.0kg左右
類　型：大型種、短毛、垂耳
毛　色：野鼠色、碎花、純色、漸變色等，種類很豐富。
價　格：日幣4萬～7萬左右

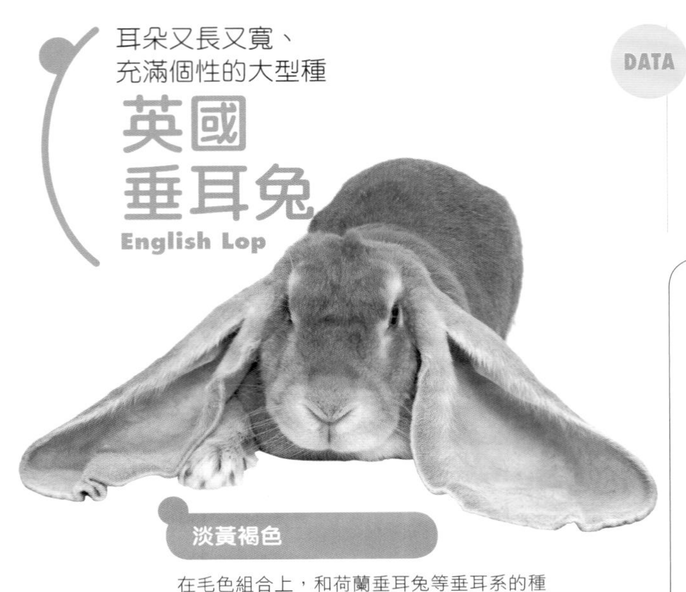

淡黃褐色

在毛色組合上，和荷蘭垂耳兔等垂耳系的種類幾乎相同，非常豐富。也很常見大間型的淡黃褐色。

個性溫和又親人，就算體型較大也很容易飼養

是飼養兔中最古老的品種，據說發源自阿爾及利亞。長長的耳朵極具特色，從耳朵末端到耳根處的長度至少要有54cm才行。個性非常溫和，腦筋也很聰明，很親近飼主，可以呼喚名字叫牠過來。為了保護牠長長的耳朵，有些事情必須特別注意，像是要定期修剪趾甲，並選用柔軟的地板材等。

活潑又親人的
新品種

絨毛垂耳兔
Velveteen Lop

DATA
原產國：美國
體　長：35cm左右
體　重：2.2～3.0kg左右
類　型：中型種、短毛、垂耳
毛　色：野鼠色、碎花、純色、漸變色等，種類很豐富。
價　格：日幣4萬～7萬左右

碎花淡黃褐色

在白色的身體上有著淡黃褐色的斑紋。眼睛為褐色。除了有斑紋的碎花型之外，另外還有野鼠色、純色、漸變色、大間、白色重點色等毛色。

滑順的被毛和下垂的耳朵是正字標記

正如其名，特徵是像天鵝絨般滑順的被毛及長長的垂耳。這是由美國的育種者將英國垂耳兔與迷你雷克斯兔交配後所做成的新品種（ARBA申請中）。

個性活潑又開朗，與人非常親近。此外，雖然自我主張較強，但記性好又聰明，只要好好調教，就會成為聽話的寵物。飼養時要注意別傷到牠的長耳朵了。

PART

2

了解兔子的相關知識

兔子的選擇法

挑選和你最速配的兔子的訣竅

兔子有許多品種，身體特徵和品種個性也是各式各樣。請先了解牠們的差異後，再來選擇吧！

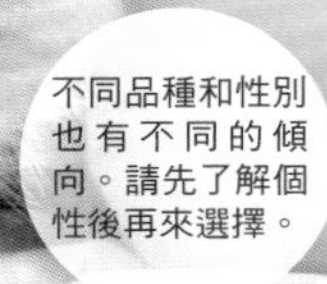
不同品種和性別也有不同的傾向。請先了解個性後再來選擇。

基本的選擇法

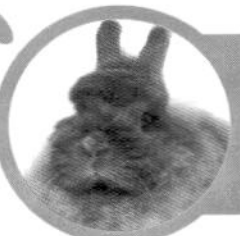

不只是看外表，也要考慮必需的照顧

兔子有許多品種。雖然也可以相信自己的直覺，選擇第一眼看到就覺得「真可愛！」的兔子，但不同品種在清潔照顧的作業及個性上也會有微妙的不同。

長毛兔的身體護理很重要

長毛兔比起短毛種的更需要仔細地梳毛。這是因為兔子雖然會自己理毛，但吞下去的毛如果沒有吐出來的話，很可能會罹患毛球症的關係。

不要只看外型，也要注意個性

不同品種的兔子，個性上也大致有其特徵。例如，荷蘭侏儒兔大多好奇心旺盛又調皮，荷蘭垂耳兔則大多有愛撒嬌的傾向。不妨在寵物店或專門店內向店員請教，尋求專業的建議吧！

飼養前要檢查的重點

1 有足夠的飼育空間嗎？

籠子一般要有寬60×深45×高50cm左右的大小。要事先找好放置的地點。

2 可以挪出照顧的時間嗎？

長毛種的兔子需要花時間梳毛。另外，也要先想好當工作忙碌或不在家時，有沒有人可以幫忙照顧。

挑選兔子的重點

1 是否為純種？

▶米克斯兔成長後的模樣較難想像，要注意

兔子也和貓狗一樣，分為純種以及一般稱為「迷你兔」的米克斯種（雜種）。純種是已經固定化的品種，因此成長後的體型大小及模樣大致可以想像得到；但如果是米克斯兔，之後會長成多大則是未知數。

純種
荷蘭侏儒兔等

雖然毛色組合很豐富，但只要品種相同，體型大小就不會有太大的變化。

米克斯種
迷你兔

以「迷你兔」的名稱在寵物店中販賣的兔子都是米克斯種（雜種）。雖然號稱是迷你兔，但成長後體重可能會超過3kg。

2 耳朵的形狀差異

▶垂耳的兔子個性大多較為溫馴

應該有很多人都認為兔子的耳朵是立起來的吧！但其實也有垂耳的類型。一般來說，垂耳型的個性較為溫馴乖巧，立耳型的則較為活潑調皮。但其中也有個體差異。

立耳
荷蘭侏儒兔等

只要一察覺有異，就會將耳朵立起來。

垂耳
荷蘭垂耳兔等

夏天和梅雨季時耳朵內側容易悶熱，要仔細地清潔。

3 毛質的差異

▶長毛種的要仔細進行梳毛

被柔軟蓬鬆的長毛覆蓋全身的長毛種，需要比短毛種更加仔細地梳毛，因此在照顧上或許會多費一點工夫。此外，由於兔子不耐熱，為了讓牠愉快地度過夏天，更要特別注意。

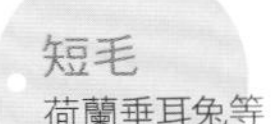

短毛
荷蘭垂耳兔等

短毛密生，摸起來很舒服。

長毛
澤西長毛兔等

全身覆蓋著柔軟的長毛。

不僅身體構造不一樣，個性上也有不同的傾向

雌雄不僅在身體構造上不一樣，個性上也有差異。因性別所造成的行動差異會在成長後慢慢顯現。但因為個體差異也很大，所以也不能一概認定「雄兔就比較親人」之類。

到了青春期，本能行為就會增加

兔子也和人類一樣會迎接青春期的到來。詳細內容會在PART 6中加以介紹。

當出生3～4個月、身體開始性成熟後，雄兔可能會頻繁出現噴尿行為。

另外，沒有接受避孕手術的雌兔為了保衛自己的地盤，也可能會變得討厭飼主的抱抱或是身體護理。

雄兔與雌兔的分辨方法

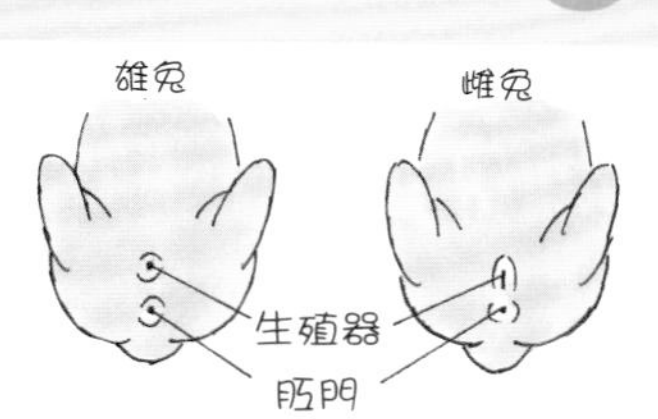

成熟後的雄兔因為有睪丸，所以馬上就能分辨。只不過在出生滿3個月之前，由於睪丸會隱藏於腹中，因此不易判斷性別。這時可以將生殖器周圍的毛稍微撥開壓一下，看看前端的狀態；前端如果圓圓的就是雄兔，如果呈縱裂狀就是雌兔，以此作為判斷。此外，雌兔的生殖器與肛門之間的距離比雄兔要更為靠近，看起來好像連接在一起一樣。

話雖如此，一般人還是不容易判斷，因此還是請兔子專賣店的工作人員來代為判斷吧！

雄兔的特徵

- 地盤意識較強，一到青春期就會出現到處撒尿的「噴尿行為」。
- 為了「留下氣味」而摩擦下巴的行動會比雌兔還要頻繁。
- 雖然有「雄兔比較親人」的說法，但還是有個體差異。

雌兔的特徵

- 如果沒有避孕，就會開始捍衛為了生產・育兒所需的地盤。
- 一旦發情、懷孕，脾氣就會變得暴躁。
- 可能會出現明明沒有懷孕卻開始作巢的「假懷孕」。

依品種而異

一邊與牠接觸，一邊理解牠的個性

「兔子是非常乖巧，很容易親近人類的動物。」——我想很多人都有這種印象吧！的確，兔子是不分男女老少、和任何人都能變成好朋友的寵物。

但是，其中有個性好強的兔子，也有乖巧溫馴，但是警戒心太強、老是不肯和人類親近的兔子。

品種的差異也是判斷個性的基準

兔子依品種的不同而有共通的個性。例如荷蘭侏儒兔和澤西長毛兔，據說有不少個體都很喜歡與人親近。

了解個體的差異，讓感情加溫

就和人類每個人的個性都不同一樣，每隻兔子也都有自己的個性。請以品種的個性為參考，一邊照顧自己的兔子，一邊了解牠的個性，就能讓兔子與飼主之間的關係越來越親密了。

荷蘭侏儒兔

好奇心旺盛又調皮，與人親近的個體也很多。相反地，也會對飼主的行為和態度敏感地產生反應。

澤西長毛兔

乖巧溫馴，大多數的個體都不討厭被人抱，很容易進行肌膚接觸。由於自我主張也不強，因此要由飼主主動察覺做哪些事情才會讓牠高興。

荷蘭垂耳兔

大多為個性溫厚，悠閒自在的類型。喜歡被抱的個體也很多，和小朋友也很容易親近。

若不知該如何選擇的話，不妨向飼育專家尋求建議

「不知道該選擇哪一種兔子比較好？」的人，不妨向有養兔子的飼主或是兔子專賣店的員工等尋求建議。

可以將自己的喜好及生活模式告訴對方，除了請對方教導挑選方法之外，還可順便請教對待兔子的方法等，比較讓人安心。

要在家中飼養時，只養一隻就好

穴兔在野生狀態下是群居生活的，但是考慮到照顧所花費的工夫，作為寵物的兔子還是建議只養一隻就好。

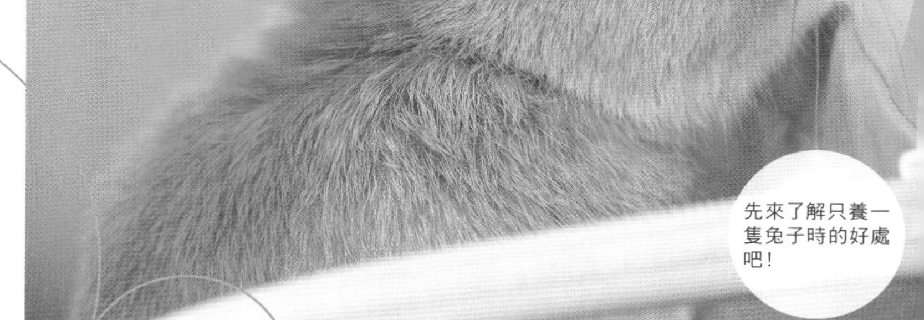

只有一隻也不會寂寞

只養一隻也比較容易與飼主建立信賴關係

兔子是乖巧又可愛的動物。或許大家很難從牠的外表想像，但其實兔子的地盤意識非常強烈，如果一次養好幾隻的話，可能會發生嚴重的打鬥。

「太寂寞的話會死掉」是騙人的

有句俗話說「兔子太寂寞的話會死掉」，但這句話根本毫無根據。反倒是在狹窄的籠內飼養數隻兔子時，更容易產生壓力，而成為讓身體不適的原因。

將自己的愛充分地給予一隻兔子

作為伴侶動物，兔子是可以和人類培育出深刻感情的動物。不過，這也只有在飼主以充分的愛來對待牠，並且確實地進行教養後才能順利進行。首先，請從和一隻兔子構築確實的信賴關係開始吧！

建議只養一隻的理由

1 不用擔心打架

出生3～4個月後，地盤意識就會開始變得強烈，特別是雄兔間會產生激烈的打鬥。雌兔也一樣，較弱的一方很容易受到欺負。

2 可以細心照顧

可愛的兔子當然需要細心的照顧。如果只有一隻的話，飼主照顧起來也比較不費力。

3 可以確保寬廣的空間

在狹窄的籠子裡同時飼養好幾隻，只會讓兔子累積壓力而已。若是只養一隻，就能讓兔子輕鬆悠閒地度日。

複數飼養的適合度

如果有寬廣的飼育空間，也能確實進行照顧的話，要向複數飼養挑戰也沒關係。
但要特別注意的是，如果兔子間彼此合不來的話，就要分開不同的籠子來飼養。

雄兔與雄兔

成熟的雄兔間本能地會為了爭奪地盤而打鬥。即使做了去勢手術，有時還是會打架。如果要複數飼養的話，最好還是要避免這個組合。

雄兔與雌兔

雌兔與雌兔

雄兔與雌兔如果沒有接受去勢・避孕手術的話，一起飼養就會讓小兔子越來越多。雌兔之間如果彼此合得來就算了，如果合不來的話，打起架來的激烈程度可是一點都不會輸給雄兔。

與其他寵物之間的適合度

家裡有養貓狗時，要在不同的房間裡飼養

家裡已經有養其他寵物時也要注意。貓咪、小鳥、有確實教養的狗狗等雖然可以和兔子一同在家中飼養，但有些犬種還是要避免為佳。

逐漸讓彼此習慣對方

家中先養貓或狗，之後才開始養兔子時，請多花一些時間讓牠們慢慢習慣對方。不妨抱著兔子，慢慢地靠近貓咪或狗狗，好讓牠們記住兔子的味道。

有些動物要避免同住

雪貂是兔子的天敵。由於可能會危害兔子的安全，在家中一同飼養是很危險的。此外，個性溫馴的倉鼠雖然可以一起飼養，但由於鼠兔之間有共通傳染病，必需特別注意才行。

可以一起飼養的寵物

狗狗、貓咪、小鳥等

放出籠外遊玩時，要注意別讓貓或狗進入同一個房間。小鳥的籠子放在相同的房間裡也沒關係。

彼此不對盤的寵物

雪貂等

在野生的世界裡，兔子是被其他動物獵捕的食餌。鼬科的雪貂是肉食動物，很可能會襲擊兔子。

取得兔子

先來了解取得兔子的方法

不管是用何種管道取得的，都別忘了要親眼確認喔！

決定要養兔子後，請到寵物店等處，實際親眼看過再來選擇吧！

直接購買時

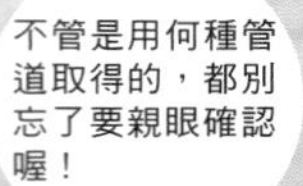

到兔子專賣店，品種豐富又讓人安心

由於兔子是很受歡迎的寵物，因此最近有賣兔子的寵物店也越來越多了。有各式品種的兔子專賣店雖然還不算多，但也慢慢有增加的趨勢。

專賣店還可以諮詢飼育問題，讓人安心

在兔子專賣店裡，以附有血統書的純種兔為始，有各式各樣的品種、毛色的兔子可供選擇。而且店員對兔子也頗有了解，可以請教對方在飼育時所遇到的問題。另外，商品、飼料等用品一應俱全，也是很棒的優點。

一般則是到寵物店購買

有販賣貓狗、小鳥的綜合型寵物店也可以買到兔子。但是，由於大部分店家所販售的品種都不多，所以如果有決定要養的品種時，不妨請店家代為訂購。

寵物店的選擇方法

1 籠內與店內是否清潔

要檢查店內與籠內是否有確實清掃、是否有以正確的方式飼養等等。

2 有對兔子知之甚詳的店員

如果可以向店員諮詢選擇法、飼育法的問題，就更讓人放心了。

3 店內販售的用品非常齊全

飼育用品和飼料等，剛開始飼養時所需要的東西有很多。如果之後要補貨時也可以利用的話，就會很方便。

也可以請友人分送或是從網路上找尋

也可以向有飼養兔子的朋友或認識的人要小兔子來養，或是向想分送兔子的人領養。

如果對方有繁殖計畫，就可以事先預定

兔子一懷孕，一次就會生下數隻幼兔。如果有認識的人或友人正在繁殖兔子的話，不妨可以請對方分送一隻給自己。另外，網路上也經常可見徵求認養的消息，請不要只靠郵件往來就貿然決定，一定要親眼確認小兔子的狀態後再認養。

也可以從育種者處取得

從專門的育種者處取得也是一個方法。很多育種者都有開設自己的部落格，不妨先在網路上尋找這方面的資訊。但是，可以的話請盡可能前往拜訪，親眼確認兔子的狀態後再行購買。

在取得兔子之前要先確認的事

- □ **兔子的品種和性別**
  從認識的人或友人處取得時，要先問清楚兔子的品種、性別、毛色等。
- □ **出生多久了？**
  出生經過多久了？兄弟姊妹的數量是？健康方面是否有異？等等也要加以確認。
- □ **雙親的性格和特徵**
  兔子的性格和特徵通常會經由父母遺傳下來，事先問清楚也可以當作參考。

剛開始飼養的時期要盡可能選在氣候溫和的季節

兔子很不耐盛夏的酷暑以及梅雨季節的濕熱氣候。另外，寒冬時如果沒有確實做好溫度管理，也可能會導致身體不適。要迎接小兔子到家裡時，建議最好選在氣候溫和的春季或秋季。

適合取得的最佳年齡是出生後1個半月～3個月左右

兔子出生後3個星期就會開始斷奶，變得可以吃普通的食物。寵物店裡販售的兔子大多都是出生後1個月左右的。出生後到3個月為止的這段期間比較沒有警戒心，容易與人親近，因此建議最好是在出生後1個半月～3個月左右時帶回家。

挑選健康兔子的重點

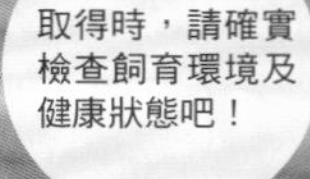

挑選兔子時，一定要進行健康檢查。不要只是從籠外觀察，請盡可能實際觸摸一下吧！

不妨觀察一下店內的兔子在傍晚時的模樣

可以的話，請在兔子最活躍的傍晚之後再去店裡觀察吧！

白天時兔子可能都在睡覺，這樣的話就無法得知其健康狀態了。

●仔細觀察飼育的環境

首先要確認的是，「兔子是在什麼樣的環境下飼養的？」籠子不衛生，或是好幾隻一起養在狹小的籠子裡時，很可能會傳染疾病。

●親手觸摸被毛及身體，加以確認

接著就要觀察籠中，確認有沒有下痢的情況？吃什麼樣的飼料？等等。一直待著不動的兔子很可能是身體不舒服。之後，如果可以的話，不妨將兔子抱出來，參考右頁的方式來檢查健康狀態。被毛的光澤度和體格也要仔細檢查。

抱出籠外，檢查這些地方

1 有吃牧草和飼料

檢查看看兔子是否有好好地吃對身體好的牧草和飼料。

2 糞便狀態良好，沒有下痢

健康兔子的糞便是圓圓一顆一顆的。萬一下痢的話，很有可能是已經生病了。

3 體格健壯

請選擇抱起來時感覺有重量，被毛狀態良好，臀部有肉的兔子。

健康檢查的重點

要檢查身體各部位時，如果還不習慣接觸兔子的話是很難進行的，因此不妨請店員抱著兔子來讓你檢查吧！

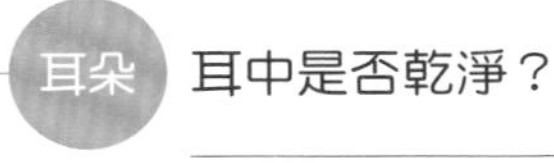

耳朵 耳中是否乾淨？

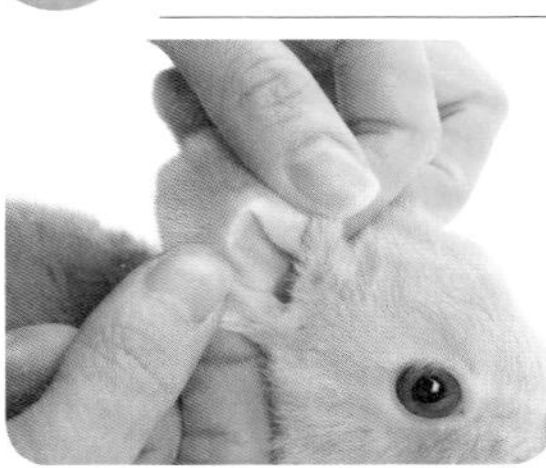

耳中是否有瘡痂或潰爛？有沒有臭味？特別是垂耳兔更要仔細檢查。

鼻子 有沒有流鼻水？

看看有沒有流鼻水？鼻子四周是否髒污？有沒有打噴嚏？

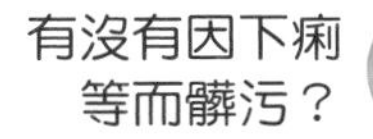

臀部 有沒有因下痢等而髒污？

肛門周圍的毛有沒有因下痢等而髒污？糞便是否為圓圓一顆一顆的？

眼睛 有沒有眼屎等髒污？

眼睛是否清澈明亮？還是有許多眼屎、淚流不停等？

腳 有沒有受傷或掉毛？

腳底是否都長滿了被毛？有沒有受傷或掉毛？前腳有沒有被鼻水弄髒？

皮膚 有沒有皮屑或紅腫？

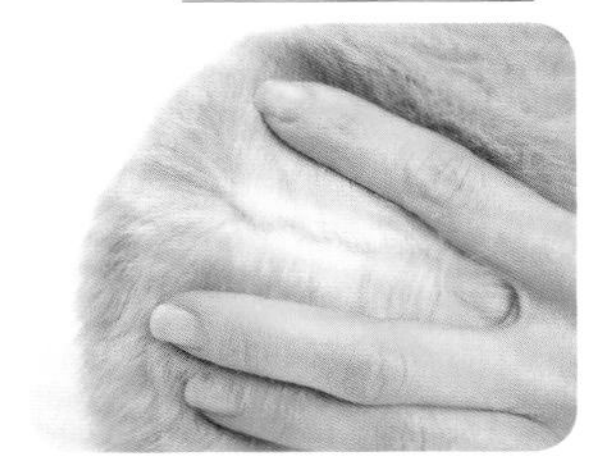

皮膚有沒有出現紅腫？可用手指將被毛分開或是進行吹氣等，仔細看清楚。

口腔 嘴巴四周是否乾淨？

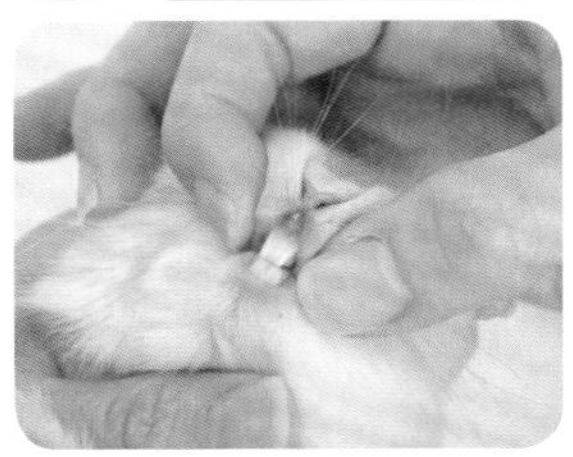

有沒有流口水或髒污？牙齒咬合是否有異常？

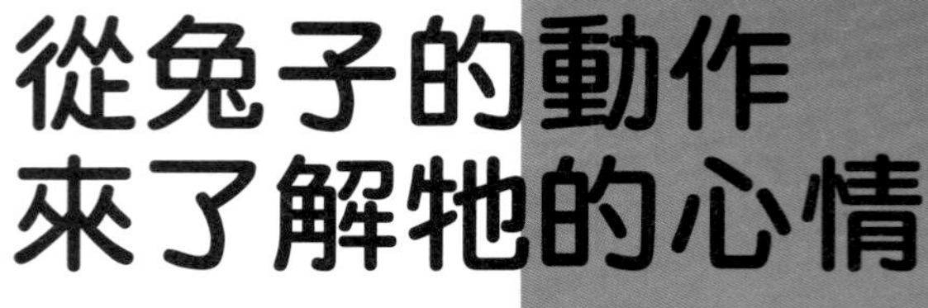

從兔子的動作來了解牠的心情

兔子雖然溫和乖巧，也很少鳴叫，但卻會用動作來表現牠的心情。請仔細觀察牠吧！

只要了解牠們的肢體語言，就能讓彼此的感情更加融洽。

仔細觀察牠的動作

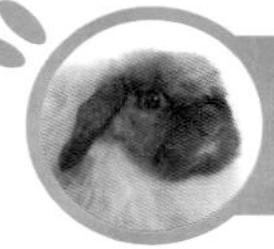

可以了解牠心情好不好、有沒有不安或不滿等

每天和兔子接觸，就能漸漸從牠的表情和動作來了解牠的心情了。

觀察牠的心情來對待牠

兔子心情好時會搖尾巴，或是當場蹦蹦跳跳起來；若是對什麼感到不安時，則是會將耳朵豎立起來。在陪牠遊戲或是進行照顧時，請從動作來察覺牠的心情，正確地對待牠吧！

叫聲也分成很多種

仔細聆聽可以發現，兔子是會發出叫聲的。「噗—噗—」的叫聲大多是在興奮時發出的；而感到痛苦時則經常會發出「嘰—嘰—」的叫聲。比起只注意叫聲，連發出叫聲前後的行動也加以觀察的話，就能更了解牠的心情了。

心情很好時

搖尾巴。當場蹦蹦跳跳。

就像狗狗一樣，兔子心情好時也會搖尾巴。餵牠愛吃的東西時也可能會出現這個動作。另外，當場蹦蹦跳跳也是牠心情好的證據。也可能會扭轉身體往左右蹦跳。

要人陪牠玩時

舔手。用鼻子頂人。

想跟飼主撒嬌、要人摸牠時，大多會過來舔人的手或手指。此外，覺得無聊而想遊戲時，也會用鼻子戳頂人的腳，或是在人的四周轉來轉去等。

感到放鬆時

把腳伸直躺下。

感到放鬆時，兔子會將後腳伸直、腹部貼近地面，整個躺平。也可能會仰躺著睡覺，或是大大地伸展身體、打呵欠等等。

心有不滿時

後腳用力發出踩踏聲

野生的兔子要告知同伴有危險時，會用後腳用力地踩踏地面，這種行為稱為「跺腳」。而當寵物兔心有不滿、想威嚇對方、心生警戒、覺得興奮等時，也會出現後腳用力踩踏的行為。

心生警戒時

用後腳站立。豎起耳朵。

兔子的聽力很優秀，可以察覺自己周遭的危險。當兔子用後腳站立、環顧四周、豎起耳朵時，就代表牠正在警戒。

五感、運動能力

兔子感受到的世界 運動能力的祕密

所有的寵物兔都是由野生的穴兔經過不斷的品種改良而來的。在習性和能力上，都還保有野生時代的特性。

兔子小小的身體裡，究竟隱藏著什麼樣的能力呢？

野生時代殘留下來的能力

看起來溫和穩重，卻意外地是運動健將

野生的兔子經常是外敵襲擊的目標。因此兔子在察覺敵人氣息的聽覺和嗅覺上非常發達。另外，為了要在關鍵時刻逃跑，牠們的跳躍力、瞬間爆發力等也很優秀。

比起長跑，更擅長短跑

兔子有優秀的運動能力，其中最突出的要算是跳躍力。牠們會用健壯的後腳，輕輕鬆鬆地跳出高50～60cm、寬1m的距離。

牠們跑起來也很厲害，但是比起長跑，似乎比較擅長短跑衝刺。

記憶力也很不錯

飼主的名字和牠自己的名字，只要每天呼喚就會記住。另外，像是「吃飯囉！」、「來玩吧！」、「結束了！」之類的短句子，只要反覆教導，牠們也會記起來。

運動能力｜雖然跑得快，但不擅長長跑

兔子大大的後腳是跳躍力、瞬間爆發力的來源。野兔可以用時速40km左右的速度奔跑，但因為缺乏持久力，所以不擅長長跑。另外，前腳雖短，出拳力道卻很強，因此在打架時，會不斷使出強力的「兔拳」。

又要跑又要跳，大大的後腳大為活躍。

視覺｜在陰暗處也看得見，視野很廣

兔子的眼睛是長在臉的兩側，單眼的視覺範圍為180度左右，因此兩眼合起來的話，視野幾乎可達360度。可以馬上發現周圍有沒有敵人。

但是，因為牠的視力只有0.05左右，所以就連附近的東西也看不太清楚。由於牠們在陰暗的地方也看得見，對於牠們在黎明或日落活動時大有幫助。

嗅覺｜也可以用氣味來分辨是敵是友

老是抽動個不停的鼻子擁有優異的嗅覺，甚至可以從尿液殘留的氣味來判斷是敵是友。由於兔子對氣味非常敏感，有時可能一點味道就會造成強烈的刺激。例如烤肉等燒焦的氣味、香水味等等，這些刺激性較強的氣味還是不要讓牠聞到吧！

聽覺｜可以移動兩邊的耳朵，捕捉遠方的聲音

兔子細長的耳朵有很高的集音效果，再小的聲音也不會遺漏。由於可以朝不同的方向轉動，因此可以聽見360度傳來的聲音。此外，由於聽力絕佳，所以附近如果有巨大聲響可能會嚇到牠們，要注意。

觸覺｜用鬍鬚來發現通道、確認安全

由於兔子的身體表面都為被毛所覆蓋，因此外界的刺激要實際傳到皮膚上的時間比較長，有時甚至會因為過於接近暖爐而使得被毛燒焦。此外，兔子也會用鬍鬚來測量前方的通道寬度，或是在黑暗中找出通道。請不要拉扯或是剪掉牠的鬍鬚吧！

味覺｜也有確實分辨美味食物的能力

據說兔子的舌頭挑得很，可以分辨出8000種味道。但是，由於牠們的味覺只是用來區分自己的好惡而已，對於判斷食物的安全與否是派不上用場的。請飼主替牠們把關，別給牠們吃有害的食物吧！

RABBIT COLUMN

兔子身體的不可思議

Q1 好像很少看到兔子熟睡的樣子……

A 似乎有很多飼主會在觀察後發現「很少看到兔子熟睡的模樣」。野生的穴兔雖然從早上到傍晚都在睡覺，但卻不會熟睡。這是因為牠們必須要經常活用耳朵和鼻子，以免被外敵偷襲的關係。而作為寵物的兔子也依然保有這種習性。

兔子並不像人類一樣會長時間一次補足睡眠，而是會分成好幾次，一次只睡一點點——這才是牠們的身體節奏，因此不會有睡眠不足的問題，飼主無須擔心。

Q2 牠好像在吃糞便，這樣沒問題嗎？

A 有時會發現兔子舔著自己的屁股，在吃糞便的模樣。這時很多飼主都會嚇一跳，心想：「髒死了！要趕快制止牠才行！」但其實這種稱為「食糞」的行為對兔子來說是有必要的。

兔子除了一顆一顆的糞便之外，也會排出一種呈葡萄狀的柔軟糞便。這種糞便中含有豐富的蛋白質和維生素，是很重要的營養來源。如果發現兔子正在食糞的話，請不要責罵牠吧！

Q3 兔子喉嚨下方有個腫塊，沒關係嗎？

A 有些兔子的下巴下方至胸口一帶會有個腫脹下垂的東西，叫做「肉垂」，是只有雌兔才有的構造；就像駱駝的駝峰一樣，是儲存下來的脂肪塊。對野生的穴兔來說，它具有作為冬季熱量來源的作用。

或許有些飼主會擔心：「該不是得腫瘤了吧？」但這並不是疾病，請大可放心。只不過，這種情況特別容易出現在肥胖的個體身上，因此請確實做好健康管理，以免兔子過於肥胖。

肉垂太大會容易引發皮膚病等疾病，要注意。

PART

3

準備舒適的住家

準備住家

寵物兔一天中大半的時間都是在籠內度過的。請選擇機能性高的用品，讓牠能舒適地度日吧！

挑選用品的訣竅

選擇以安全素材製作的用品

將兔子帶回家前，要先準備好牠的住家。剛開始先備齊基本用品，有必要時再慢慢地添購其他用品吧！

首先要備齊基本用品

首先要備齊的是：籠子、地板材、便盆、便砂、餐碗、牧草盒、飲水瓶等。由於兔子具有什麼都咬的習性，因此最好選擇用咬了也沒關係的安全素材所製成的耐用物品。

視情況添購外出用品和季節用品

慢慢習慣和兔子一起生活後，就可以視情況準備外出時使用的提籃和散步時使用的胸背帶＆牽繩等用品了。

為了讓兔子舒適地度過炎夏及寒冬，市面上也有各種防寒・抗暑用具。不妨在夏天時使用散熱墊，冬天時則使用保溫墊。

基本的飼育用品

- ☐ 籠子
- ☐ 地板材（腳踏墊）
- ☐ 便盆、便砂
- ☐ 餐碗
- ☐ 牧草盒
- ☐ 飲水瓶
- ☐ 啃木
- ☐ 美容用品、趾甲剪

視情況而添購的物品

- ☐ 圍欄
- ☐ 防寒・抗暑用品
- ☐ 提籃
- ☐ 巢箱
- ☐ 胸背帶＆牽繩

兔子的住家 籠子的挑選法

確認尺寸大小

選擇有足夠空間可讓兔子充分放鬆的籠子

「讓可愛的兔子待在狹小的籠子裡實在太可憐了……」或許有些人會這麼想，但事實並非如此。

兔子是地盤意識很強的動物，待在能夠確實守護自己地盤的籠子裡，可以讓牠感到安心。

選擇容易清掃的用品比較輕鬆

就算有便盆，兔子還是會在便盆之外的地方排泄，飼料也可能會東掉一塊、西掉一塊。如果籠子下方附有可以拉出的底盤的話，清掃時會更方便。

雄兔建議使用附有防噴尿設計的籠子

雄兔尿尿時會往後噴，如果籠子下方有加高隔板的話，就可以避免四處噴濺，比較衛生。

專用兔籠

這是兔子專賣店推薦的飼養籠。製作時考量到了安全性與清潔性，是與任何室內裝潢都能搭配的極簡設計。

兔子是成長很快的動物，因此籠子一開始就要選擇長成成兔後也能使用的大小。至少也要有寬60×深50×高50cm為理想。

最好在兔子可以自行出入的正面，以及飼主較容易抱進抱出的上面都有門，這樣會比較方便。

固定鎖

為了預防脫逃，要選擇可以確實固定，而且金屬末端不會傷害到兔子身體的種類。

如果附有拉出式的底盤，在清掃四散的食物殘渣及排泄物時會更輕鬆。

滾輪

下面有滾輪的話，在打掃房間時比較方便搬動。

這是不易累積濕氣的金屬網類型。以前大家認為「金屬網地板會傷害兔子的腳底」，但最近網目細緻、不傷兔子腳底的製品也越來越多了。

保護腳底的必需品
地板材

金屬網的地板如果網目太大的話，可能會傷到兔子的腳底。只要鋪上腳踏墊作為地板材，就能讓兔子住得舒適。

請準備2～3片腳踏墊，如果髒了就用水清洗，常保清潔吧！

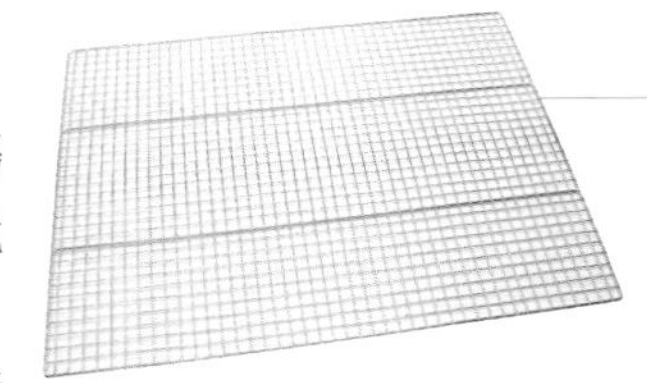

不鏽鋼製腳踏墊

網目細緻又有彈性，不易傷害兔子的腳底。污垢也會掉到下面，能夠保持清潔，打掃起來也輕鬆。

塑膠製腳踏墊

剖面有弧度、呈波浪狀，可以減少對腳底和腳跟的衝擊。水洗也很簡單。

刻紋加工腳踏墊

由於使用的是天然木材，就算啃咬也沒關係。表面有刻紋加工，不易打滑，對腳底也溫和。

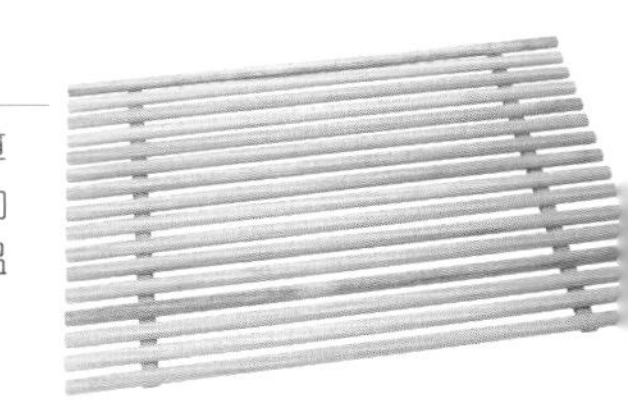

選擇方便使用又容易清掃的
便盆、便砂

便盆有塑膠製、陶製的；形狀也分為四角形、三角形等2種。三角形的便盆可以放在籠子的角落裡。由於雄兔會往後噴尿，因此要選擇後方壁板較高的產品。

便盆中要放入便砂。請檢視保水力、除臭力等，選擇方便使用的產品。若能再鋪上寵物尿便墊，就更能保持清潔了。

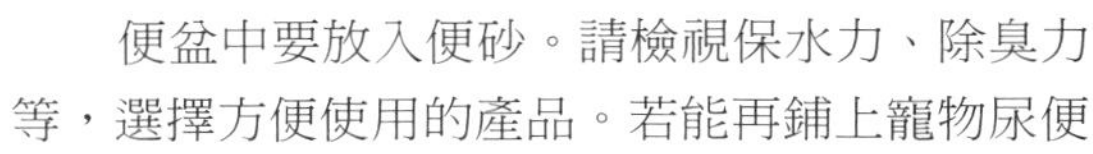

角落型便盆

塑膠製，附有不易弄髒臀部的隔網。背面有夾子，可以確實固定在籠子上。

便砂

這是在天然的檜木上加入除臭劑所製成的，有很高的除臭效果。也有抗菌作用，比較衛生。

四角型便盆

空間寬敞，方便兔子進入。背面加高，可以防止尿液飛濺。

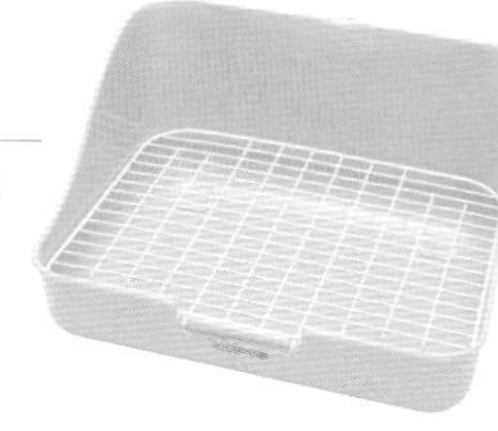

尿便墊

鋪在便盆底部，讓清掃工作更簡單。萬一兔子還學不會要在便盆上廁所，也可以直接鋪在籠內地板上。

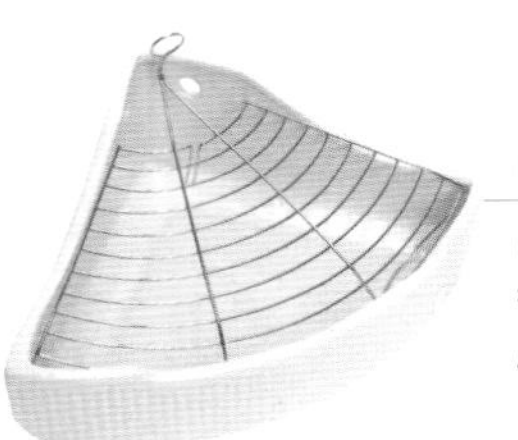

陶製便盆

由於是陶製的，不易沾附尿垢，比較衛生。隔網為圓弧狀，底部加深，做成不易弄髒臀部的設計。

建議選擇固定式的或陶器製品

餐碗

兔子可能會將裝有飼料或蔬菜的餐碗打翻。請選擇較為沉重的陶器製品，或是可用螺絲拴緊在籠內的固定式產品。

輕巧的固定式餐碗

採用極為堅硬的塑膠所製，幾乎不用擔心啃咬的問題。由於是透明的，要檢查飼料多寡也很方便。

四角型的固定式餐碗

為了避免兔子啃咬，在塑膠製容器的周邊有不鏽鋼條做保護。

陶製餐碗

這是兔子無法移動或打翻、非常穩定的陶製餐碗。也不用擔心啃咬問題，讓人安心。

選擇方便飲用的類型

飲水瓶

直接放在地板上的水碗很可能會弄濕兔子的身體，所以建議使用飲水瓶。設置時要注意避免滴下來的水淋到兔子身上，或是滴入餐碗中。

扁平不佔空間的類型

形狀比較不佔空間，
可讓籠子維持簡潔。

開口較大的類型

方便清潔內部，較為衛生。
可用彈簧條固定在籠子上。

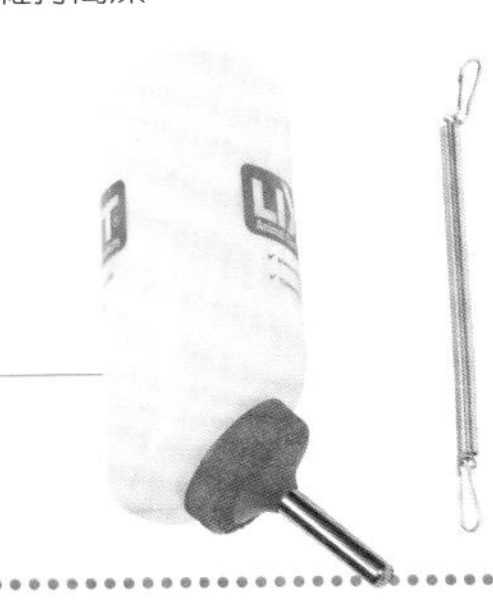

吊掛式的會比較好用

牧草盒

為了兔子的健康，牧草是不可欠缺的，最好能讓牠經常食用。以鐵絲固定於籠內、吊掛式的牧草盒在補充牧草時會比較方便。

兼做啃木的兩用型

裡面放入牧草，設置於籠內。
可以兼做牧草盒及啃木。

陶製的直立式牧草盒

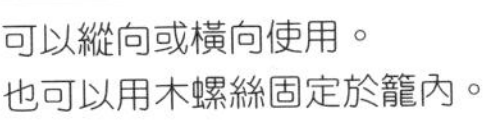

可以縱向或橫向使用。
也可以用木螺絲固定於籠內。

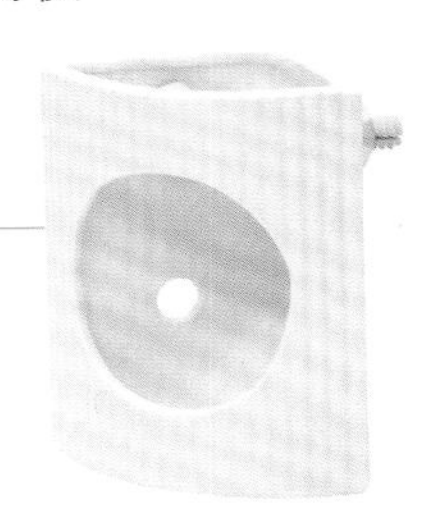

塑膠製的牧草盒

為了避免牧草粉末飛散到外面，可設置於籠內。上方有大開口，方便補充牧草。

※本書刊載的商品有更改設計、結束販售的可能。

可預防牙齒過長
啃木

兔子會藉由啃咬東西來讓牙齒保持在適當的長度。不僅如此，這麼做還有消除壓力的效果，因此請在籠中放入啃木吧！請選擇以天然素材製作、不使用塗料的商品。

牧草球

吃下去也沒關係的牧草製品。裡面裝有鈴鐺，一轉動就會發出聲音。

天然木啃木

將木板組合成十字形使用。因為是容易啃咬的形狀，很多兔子都會咬得很高興。

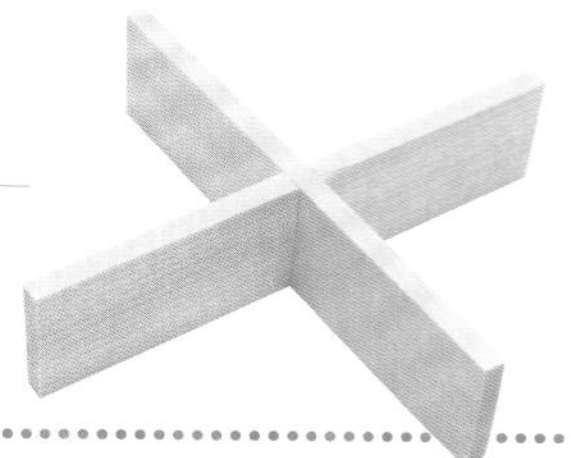

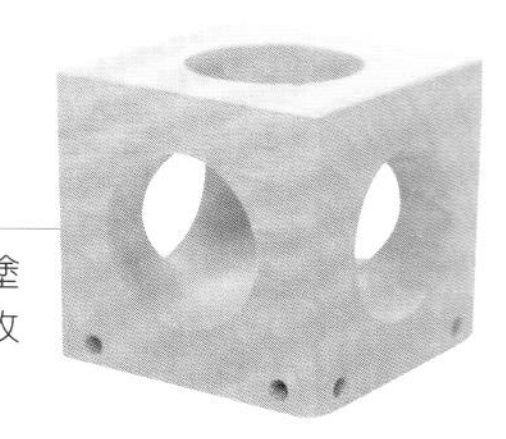

立方體啃木

使用天然木製作而成，且不使用塗料讓人安心。也可以在裡面塞入牧草。

梳毛＆剪趾甲時不可欠缺的
美容用品、趾甲剪

梳毛和剪趾甲不僅在身體的清潔保養上是必需的，對於教養和飼主與兔子之間的肌膚接觸也很有幫助。長毛的品種和短毛的品種所需的刷子和梳子也不一樣，請選購適合兔子毛質的產品（選擇方法請參照82～85頁）。

兩用排梳

粗目和細目的排梳合而為一，非常方便。可以輕鬆除去掉毛和污垢。

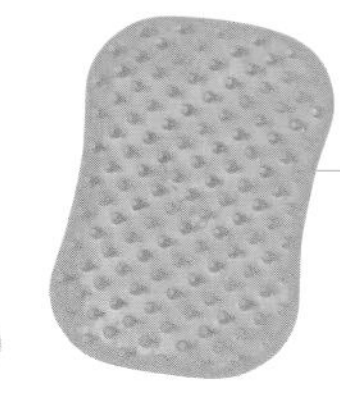

橡膠刷

可以幫忙去除脫落的毛。也有皮膚按摩、增添光澤的效果。

剪刀型趾甲剪

小巧的剪刀型趾甲剪。前端彎曲且刀刃帶有角度，非常好剪。

豬鬃刷

在短毛種的美容上是不可或缺的。因為是豬鬃製的，所以不易產生靜電。

順毛噴劑

可讓梳毛作業順暢，被毛更有光澤。

防靜電噴霧

在冬天等乾燥時期使用，能夠抑制靜電，有效預防豎毛和毛球。

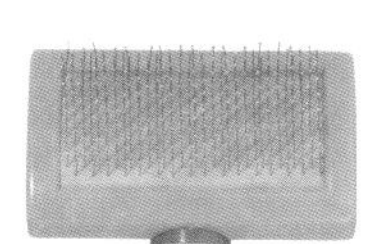

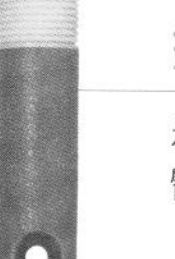

針梳

是去除毛球的好幫手。用來梳理臀部周圍的毛也很適合。

※本書刊載的商品有更改設計、結束販售的可能。

打掃時有的話就能放心

圍欄

要打掃籠子而將兔子放出來時，如果有圍欄的話，就不用擔心牠跑去危險的地方了。為了避免兔子跳出去，要選擇高度至少有70cm的產品。

速成圍欄&腳踏墊

摺疊式的圍欄組合起來很簡單，非常方便。只要鋪上專用腳踏墊，就不用擔心會弄髒或損害地板了。

為季節做準備

防寒・抗暑用品

夏天的酷熱、冬天的寒冷都會影響到兔子的身體狀況。請視情況添購防寒・抗暑用品吧！

保溫墊&木箱

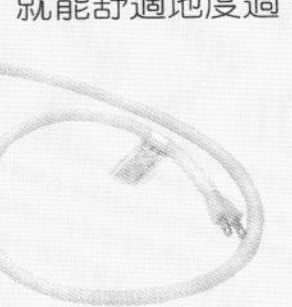

這是寵物保溫墊以及剛好能放入保溫墊的木箱的組合。寒冷的冬天有了這個就能舒適地度過。

鑽到裡面，心情更穩定

巢箱

野生的兔子會在巢穴中度日，因此鑽進巢箱中可以讓牠感到安心。不妨也在籠中放入巢箱吧！

牧草製的巢箱

身體剛好可以進去的尺寸。因為是用吃下去也沒關係的牧草做成的，邊吃邊玩也OK。

「遛兔」的必需用品

胸背帶&牽繩

要帶兔子去公園等處遊玩時，請繫上牽繩。目前也有許多色彩豐富的胸背帶，作為打扮的一環也很有趣。

背心胸背帶

因為是做成背心型的，可以像穿衣服一樣穿上。款式也很豐富，有各種選擇。

外出時不可或缺的

提籃

要去動物醫院時，或者要回老家等旅行時，有的話就會很方便。平常就要讓兔子進入提籃中，讓牠習慣吧！

底部為金屬網的類型

可以裝設飲水瓶等，稍微長時間外出時也可安心。

布製包包型

要外出一下時非常方便的精巧尺寸。底部有腳踏墊，可維持衛生。

設置籠子

設置機能完善的籠子

在設置籠子時，重點在於要考量兔子的生態和習性。為兔子打造一個住起來安心舒適的家吧！

兔子一定要有能讓牠獨自放鬆的空間才行。

針對習性所做的配置

考量兔子的生活方便性來進行規劃

野生的穴兔會在地底的巢穴中生活。巢穴裡又有寢室、產室、廁所等不同的空間。要擺放在籠中的物品，也請設置成兔子方便使用的狀態。

●便盆放在籠子的四隅，可讓牠安心

便盆請設置在籠子的4個角落之一。放在角落可以讓兔子安心地排泄。此外，在排泄物附近吃東西也很不衛生，因此餐碗要盡可能設置在遠離便盆的地方。

●飲水瓶等的高度也要注意

飲水瓶和牧草盒等要掛在籠子上，或是用螺絲等加以固定。這時，請設置在方便讓兔子飲水、食用牧草的高度上。也別忘了要配合小兔子的成長來調整高度喔！

籠內擺設的重點

1 籠子的大小足夠嗎？

飼養一隻體重1～2kg的兔子，用寬60×深45×高55cm大小的籠子剛剛好。只要在兔子還小時就使用這種尺寸的籠子即可。

2 地板是否會對腳底造成負擔？

金屬網的網目太大會卡住兔子的腳，造成腳底受傷。請鋪上適當的地板材吧！

3 物品的設置場所適當嗎？

要設置在兔子容易使用的場所及高度上。如果覺得兔子好像很難用的話，就要重新檢視擺放的地點。

籠子的設置範例

這個設置範例中還放了可以讓兔子運動的玩具。
也可以設置好後再放入玩具。

啃木
為了消除壓力、預防牙齒長太長，一定要放入。

飲水瓶
維持隨時都可飲用新鮮水的狀態。放在兔子容易飲用的高度上。

便盆
遠離餐碗，放在籠內的角落處。

牧草盒
可以裝設在籠子的牆壁上，或是像圖片一般使用吊起來的牧草球。

巢箱
進去裡面就能安心。也可以用來作為咬著玩的玩具。

玩具
在籠中做出小閣樓或是裝上樓梯，可以消除運動不足。橢圓形的鐵絲網小屋可讓兔子爬進去裡面玩。

餐碗
建議使用兔子無法打翻的固定式餐碗，或是有重量感的陶器製品。請裝設在遠離便盆的地方。

地板材
為了保護腳底，要在金屬網上鋪設木製或塑膠製的腳踏墊等。用牧草做成的腳踏墊還可以甩著玩或咬著玩。

在屋外飼養時的設置方法

小型兔一般是在室內以籠子飼養。如果當地氣候溫暖，庭院中又有設置飼養小屋的空間的話，也可以在屋外飼養。

不過，由於可能會被貓咪或烏鴉襲擊，因此一定要在堅固的小屋裡裝上以鐵絲網做成的門，讓兔子能夠安全地度日。此外，為了避免兔子受到冷熱溫度及濕氣的傷害，請架高小屋，離地面大約30cm左右。

放置籠子的場所

兔子喜歡這樣的地方

兔子是很纖細的動物，對聲音也很敏感。

兔子喜歡安靜的場所。在家中也一樣，請將籠子放置在晝夜溫差較少、比較沒有噪音的地方吧！

理想的放置場所

安靜而濕氣少，通風良好的場所為佳

要讓兔子健康地度日，籠子的放置場所極為重要。讓我們一起來看看家中理想的放置地點吧！

不能是溫差劇烈的場所

兔子很不耐急遽的溫差變化，因此籠子必須放在晝夜溫差較少的地方。有必要的話，請用空調等來進行溫度管理。由於兔子也不耐濕氣，所以像是浴室或廚房附近等較為潮濕的地方也要避免。以通風良好、不會照到直射陽光的地方為佳。

避免吵雜的地方

兔子由於聽力好、對聲音很敏感，因此要避免放在電視、音響設備、電話等會發出聲音的物品附近。另外像是人們出入頻繁的門口附近、可以聽見外面聲音的窗邊等等，也都不適合擺放。

適合兔子的溫度・濕度

◎溫度	18～24℃
◎濕度	40～60%

請在籠內裝設溫濕度計，經常察看溫度和濕度吧！三不五時注意一下，讓兔子能夠舒適地生活吧！

籠子的理想放置地點

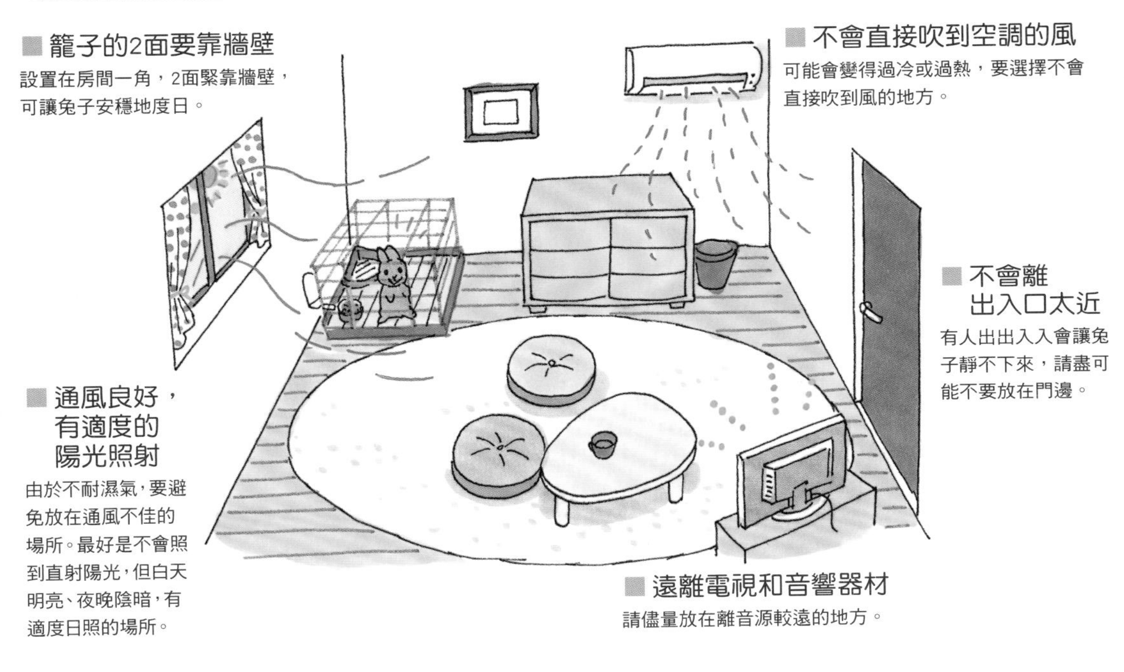

家中有其他動物時

不要讓貓狗等進入同一個房間

家中有養兔子之外的寵物時，請盡可能不要讓牠們待在相同的房間。特別是貓和狗，以免讓兔子受到驚嚇。

門一定要確實關好

將貓或狗養在其他房間時，牠們可能會趁飼主一不注意就溜進放置兔籠的房間。尤其外出時要特別將門鎖上，以免牠們隨意進入。

住在小套房時，可以活用圍欄

於公寓套房中飼養兔子時，在籠子的放置地點上或許會有點傷腦筋。請盡可能放在房間的角落，讓兔子安穩舒適地度日吧！另外，如果有摺疊式的圍欄，要放兔子出來玩時也可區隔空間，安全又便利。

為了安全起見，要進行室內的安檢

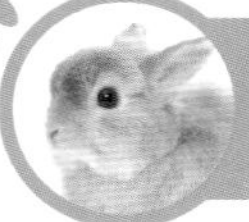

要放兔子出籠遊戲前，請先進行安全檢查。可能會有意想不到的危險性存在，要注意。

兔子是很纖細的動物，對聲音也很敏感。

有很多危險物品

因為有啃咬的習性，要下點工夫避免牠亂咬

放兔子出來室內遊戲時，危險的東西和不希望被咬的東西都可能會被牠啃咬。為了不讓牠亂咬，最重要的是要事先收拾並加以防護。

很多東西都會引起中毒

報紙、雜誌等紙類就不用說了，連橡膠製品、塑膠、香菸、清潔劑、觀葉植物等，兔子也會出於好奇而上前啃咬。雖然很少會吃進去，但有些東西只要一碰到嘴巴就可能會引起中毒（參照右框內容），因此請在牠發現之前就先收拾好吧！

電線和家具要確實防護

兔子如果去咬電線很可能會導致觸電。另外像是木製的柱子或家具邊角等也是牠們愛咬的地方。請參考右頁，確實做好防護以免被啃咬吧！

這些東西咬了會有危險！

●紙類（報紙、面紙、文件等）

會在腹中結成硬塊，引發疾病。

●橡膠製品、塑膠類

吞下去後會在腹中造成堵塞。

●香菸、清潔劑、殺蟲劑、藥品等

就算只吞進少量也可能會引起中毒。

●觀葉植物等

有些種類可能會引發中毒（參照114頁）。

檢查室內潛藏有危險的場所！

兔子和人類的嬰兒一樣，無法自行查知危險、加以避免。
請飼主務必要好好地進行安全檢查。

■地毯或木質地板會讓腳受傷

圈狀織毛的地毯可能會鉤住趾甲而造成趾甲斷裂。另外兔子的腳底因為也長滿了被毛，在木質地板上容易打滑而發生危險。

預防對策 請使用有凹凸刻紋的塑膠地磚，或是鋪上短毛的地毯等。

■從家具上跳下來而骨折

爬到椅子上或棚架上時，如果一躍而下，很可能會造成骨折。

預防對策 讓兔子出來遊戲的房間，請不要放置可以當成踏台之類的東西。

■啃咬家具或柱子，抓傷牆壁

兔子可能會去咬木製的柱子或家具邊角、拉門或和式門的門檻等。此外趾甲等也可能會抓傷牆壁。

預防對策 柱子和家具邊角、門檻等，要以雙面膠帶貼上L型金屬保護條來補強。牆壁也要在兔子會碰到的範圍內貼上瓦楞紙或薄板之類的物品來加以保護。

■啃咬電線而觸電

啃咬電線可能會造成觸電而讓兔子受重傷，甚至會引發火災。有時插座也會被咬爛。

預防對策 電線要用電線保護套來防護。插座則可以使用裁切成適當大小的寶特瓶，蓋住插座後以膠帶固定，加以保護。為了避免被咬，設法將電線繞到高處也很有效。

籠子的清掃

勤加打掃，常保環境舒適

關在不衛生的籠子裡，會讓兔子變得容易生病。請經常檢查，勤加打掃吧！

要維持兔子的健康，就要有清潔的環境。

打掃的頻度

便盆和食器要每天清洗，每個月一次籠子整體的大掃除

籠內的主要污垢是食物碎屑、排泄物及掉毛。請在更換食物時檢查一下籠內的清潔狀況，養成每天一次稍加打掃的習慣；並且每個月一次進行籠子整體的大掃除。

●在季節交替時要特別仔細

換毛期時掉毛會增加，籠內很容易變髒。另外，在酷暑和梅雨時節，如果任其髒污而不理的話，馬上就會滋生細菌而產生難聞的臭味。視季節而異，調整打掃的次數也是很重要的。

●不打掃就會引發疾病

飼養於乾淨籠內的兔子不容易生病。相反地，關在骯髒籠內的兔子就很容易因為細菌繁殖而罹患皮膚病或是結膜炎之類的眼部疾病。

有了會很方便的掃除用具

●寵物用刮鏟

可輕鬆地清除附著於腳踏墊上的糞便。兩邊呈凹凸狀，可以用來刮除附著於金屬網上的污垢。

●清潔刷

這是金屬製的刷子，最適合用來清除底網上的糞便及污垢。另一端呈尖銳狀，可以用來清除尿垢。

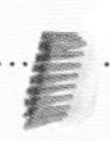

●除臭劑

在意便盆的氣味時，請使用寵物用除臭劑。若是使用有殺菌效果的產品，就更加衛生了。

每天進行的 隨手清掃

每天一次，在更換食物或飲水時，
順便檢查一下地板材的髒污程度並更換便砂吧！

■便盆・便砂

髒污的便砂和尿便墊要進行更換。髒污嚴重時，要將整個便盆加以清洗。在便盆中放入新的尿便墊和便砂後，再放入一些沾有排泄物氣味的舊便砂。

由於兔子是藉由氣味來記住便盆的，若是打掃得連一點氣味都不剩的話，可能會無法好好在便盆裡上廁所。

■檢查腳踏墊（地板材）

檢查腳踏墊是否髒污。很多兔子即使會在便盆裡尿尿，但便便卻會在別的地方解決，因此排泄物一定要在當天清理乾淨。髒污嚴重時，請按照66頁的步驟整個清洗，充分晾乾後再放回籠內。

■餐碗

飼料和蔬菜類吃剩的殘渣要丟掉，將餐碗清洗過後再放入新的食物。這時，容器如果濕濕的會導致食物腐敗，一定要仔細擦乾後再放入。

■飲水瓶

飲水瓶的水要每天更換。由於瓶裡容易殘留水垢，請用細長的刷子等將污垢刷乾淨。

3～4天一次的 簡易清掃

視情況進行腳踏墊的整體清洗及食器的消毒

如果兔子可以好好在便盆裡上廁所的話，腳踏墊大約3～4天清洗一次就行了。在意尿漬時，不妨淋上醋，稍待片刻後再清洗就能讓污垢乾乾淨淨。這是因為尿液是鹼性的，淋上酸性的醋便能加以中和的緣故。

餐碗和飲水瓶也要每個星期用刷子等將小地方也清洗一遍。陶製的餐碗請以熱水進行消毒。

■腳踏墊的整體清洗

將乾硬的糞便以刮鏟刮除後，再用鬃刷等一邊沖水一邊刷乾淨。如果有使用清潔劑，一定要徹底洗淨。將污垢清除後，以熱水消毒，在陽光下曬乾。

每個月1～2次的 大掃除

將兔子移到別的地方，將籠子整個打掃乾淨

平常是每個月1～2次，濕氣重的梅雨季和夏天時則是每星期一次，進行籠內的大掃除。

先將裡面的東西全部拿出來，可以拆的部分都拆掉後，整個清洗（步驟請參照右頁）。因為還滿佔空間的，建議在浴室內進行。

此外，在整個清洗時，請盡可能不要使用清潔劑或漂白劑。因為兔子對氣味很敏感，如果自己的味道都不見了，會讓牠坐立難安。

進行大掃除時，要將兔子移到安全的場所

進行大掃除時，請不要放任兔子在房間內亂跑，而是要將牠放入圍欄或提籃中。由於打掃時眼睛無法盯著牠，可能會發生脫逃或是出乎預料的意外等，一定要特別注意才行。

籠內大掃除的步驟

1 將兔子移出，取出籠內的物品

將兔子移入圍欄或提籃後，取出籠內的所有物品。可以拆的零件全部拆掉，盡可能加以分解。

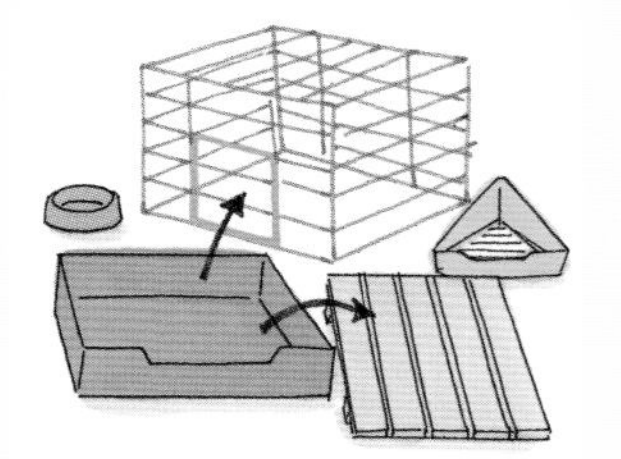

2 用刮鏟等將污垢大致刮除

以寵物用刮鏟或小掃帚等將沾附的污垢大致清除。金屬網上的污垢也要在水洗前就刮除。

3 用刷子等確實地刷洗

將籠子整體以刷子或海綿等來進行水洗。餐碗、飲水瓶、便盆、巢箱等籠裡的物品全部都要以水洗淨。

4 以熱水或清水仔細沖洗，金屬和陶器要用熱水消毒

洗好後，為了避免污垢殘留，要確實地以熱水或清水沖洗乾淨。籠子的金屬部分和陶製的餐碗、便盆等，最好再用熱水消毒，以確保萬無一失。

5 擦乾水分後，日曬乾燥

以抹布擦乾水分後，放在陽光下使其乾燥。塑膠製品等無法用熱水消毒的東西更要確實地進行日光消毒。

6 將物品歸位後，放回兔子

待完全乾燥後，將籠內擺設回原來的樣子。由於兔子不耐濕氣，所以務必要確認是否有確實乾燥。便盆中要先混入少量沾有尿味的便砂。

寒暑對策

下點工夫讓兔子健康地度過酷暑及寒冬

盛夏和梅雨時期、寒冬等都是對兔子來說難熬的季節。請重新審視飼育環境，讓牠們能舒適地度過吧！

為了讓牠暖暖地度過冬天，各方面都要下工夫。

注意溫濕度的變化

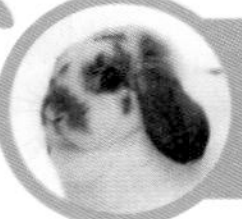

幼兔和高齡兔對季節的變化特別敏感

兔子對於溫度和濕度的劇烈變化非常敏感。在季節交替之時，晝夜溫差可能會非常大，請多加小心。特別是高齡兔、幼兔、生病或懷孕中的兔子等，一定要注意。還有，除了一日的變化以外，也要配合春夏秋冬等季節的變化來重新審視飼育環境，這也是絕對不可欠缺的。

● 特別要注意的是夏天

炎熱的夏天是最需要注意的季節。有時還會引發中暑。另外從梅雨季到夏天的這段期間，食物很容易腐壞，要注意。

● 不妨活用空調和除濕機

公寓大廈的通風比較差，有時容易累積濕氣。這時不妨使用空調和除濕機，保持舒適的溫度和濕度吧！

春・秋 有時溫差頗大，要注意！

春天和秋天是比較舒適的季節。但是從冬天到春天，以及從秋天到冬天的這段期間，早晚的溫差較大，也可能會比預料中的還冷，因此要儘早準備寵物用的保溫墊。另外，春天和秋天也是被毛換生的季節。特別是長毛兔，請經常仔細地為牠梳毛吧！

梅雨～夏天　又悶又熱的濕氣和暑氣是兔子的大敵！

■ 空調溫度要設定在28℃左右

籠子附近要設定成28℃左右。請注意不要過冷了。

■ 籠子要放在通風良好的地方

不要放在會照到直射陽光、容易累積濕氣的地方。

■ 活用抗暑商品

放入坐上去便會感到涼爽舒適的散熱墊或冰墊等，會讓兔子更舒適。

確實做好抗暑對策

保持適溫，以免發生中暑

全身都長滿被毛的兔子非常不耐悶熱的氣候。此外，盛夏時的室溫過度上升的話，還會引起中暑。請妥善控制濕氣與溫度，讓兔子度過舒適的夏天吧！

● 勤加打掃，維持籠內清潔

在濕度高的梅雨時期，籠內的雜菌很容易繁殖，因此要比平常更加勤於打掃。另外，這也是食物容易腐敗的時期，吃剩的殘渣要儘快處理。

● 以便利的各式商品來抗暑

在酷熱的夏天，請將籠子放在涼爽通風的地方。也可以使用空調，但直接吹到風的話反而會對身體不好。在籠中放入散熱墊等抗暑商品也很不錯。

推薦使用的抗暑商品

● 散熱墊

這是鋁製的，可以瞬間吸收體溫，將熱氣發散到外部。鋪在籠中能讓兔子涼爽舒適。

● 迷你冰墊

這是要在冷凍庫冰過後使用的保冷劑。可置於籠子上方，或是裝入提籃的口袋中使用。

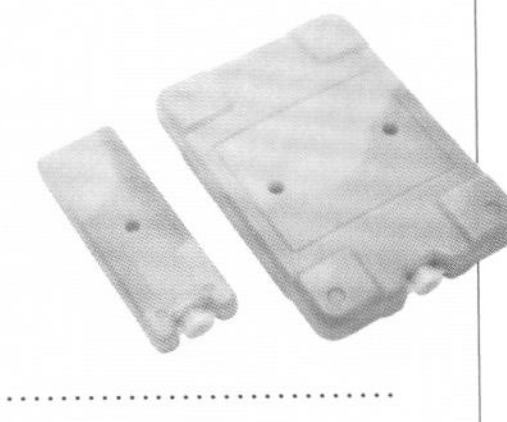

● 除蟲芳香劑

這是不使用火和電池的除蟲芳香劑。可保護兔子免受蚊蟲叮咬。

冬天　要注意夜間至天亮時的寒氣

■ 不要將籠子放在窗戶附近

外面的冷風可能會從窗戶縫隙中吹進來，所以請不要放在窗邊。

■ 不要將籠子直接放在地板上

板子下方裝上滾輪，上面再放上籠子等，稍微拉開與地板之間的距離，就能避免從底部竄上來的寒氣。

■ 以瓦楞紙和毛毯來保溫

在溫度更低的夜間等，可用瓦楞紙圍住籠子，上面再蓋上毛毯。

溫暖

舒適

■ 活用防寒商品

在籠中部分區域放入保溫墊，讓兔子能在寒冷時保持溫暖。

要注意早晚的寒氣

為了讓兔子溫暖地過冬，要下許多工夫

雖然不像夏天那樣嚴重，但兔子也很不耐寒冷。有日照的白天或是有開暖氣的時段雖然不覺得冷，但夜晚到天亮的這段期間卻是相當寒冷的。請注意不要讓溫差變得太大了。

● 在部分區域放入保溫墊

使用空調的暖氣時，經常會發生溫暖的空氣上升，而靠近地板的兔籠附近卻不太溫暖的情形。在寒冷的日子裡，不妨將寵物用的保溫墊放入籠中，或是圍在外側來保溫。但是，如果將籠子地板用底面式保溫墊全部鋪滿的話，可能會變得太熱。不需要全部鋪滿，好讓兔子有地方可以躲吧！另外，也要下點工夫，避免讓兔子啃咬電線。

● 要注意暖氣過於乾燥的問題

用空調或保溫墊來溫暖房間、保持適溫是很重要的。但是一開暖氣，空間就會變得乾燥而容易口渴；為了讓兔子隨時都能喝到水，飲水瓶中的水一定要裝滿才行。

推薦使用的防寒商品

●保溫墊＆木箱

這是寵物保溫墊以及剛好能放入保溫墊的木箱。有了這個就能溫暖舒適地度過寒冷的冬天。附有自動調節溫度機能，讓人安心。

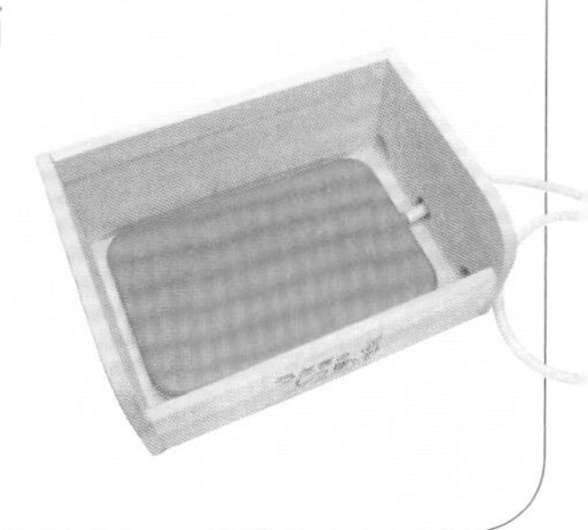

PART 4

可以讓感情更加親密的教養與護理的基本

剛開始的馴養法

剛開始的一星期 要慢慢讓牠習慣

將兔子帶回家後，請慢慢地讓牠習慣新環境。秘訣在於要配合每隻兔子的步調來進行。

有些兔子比較慎重小心，請不要勉強牠。

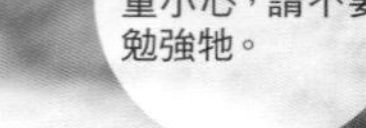

帶回當天的心理準備

到家當天不要放牠出籠，先觀察一下狀態

帶兔子回家後，應該會很想馬上抱抱牠、摸摸牠，和牠有一些肌膚接觸吧！不過，兔子對於環境的變化非常敏感，剛開始大多會坐立難安。首先最重要的是要讓牠習慣新家。

不要心急，慢慢地培養感情

到家當天，兔子可能會變得有點敏感。請準備好食物、牧草和水，從籠外觀察牠的樣子吧！等過了3～4天後才能放出籠外。

習慣的時間有個體差異

每隻兔子的個性都不一樣。有的兔子比較害羞，也有的兔子比較親人。一般來說，大約經過3～4天就會習慣人了，但還是請觀察一下情況，不要勉強，讓牠慢慢習慣吧！

和兔子建立信賴關係的法則

1 輕聲溫柔地叫牠的名字

大聲叫牠的話，會讓兔子嚇一跳。叫牠的名字時，一定要輕聲呼喚。

2 摸牠時，一定要先出聲

突然伸手摸牠會讓兔子感到害怕。在更換食物和打掃籠子時也一定要先出聲。

3 決定好接觸的時間

傍晚以後兔子會變得比較活潑。要放牠出籠玩時，建議選在傍晚至晚上的時段。

帶回家中後的馴養方法

剛到新家，兔子也是既興奮又不安。
為了避免兔子因壓力而搞壞身體，請在一旁默默地守護牠吧！

剛到家時　給予食物和飲水，靜靜地觀察狀態

首先，為了讓兔子習慣新環境，請在籠內放入食物、牧草和水，然後讓牠獨自待著吧！有些兔子就算人只是過去看看牠、對牠說話都會讓牠感到害怕，因此請稍微拉開距離，偶爾看看牠的狀態就好。

從籠外輕輕呼喚牠的名字

為了讓兔子習慣人類的存在，請從籠外輕輕呼喚牠的名字。也別忘了檢查健康方面，像是有沒有好好進食、有沒有喝水、有沒有下痢等等。

用手拿食物餵牠看看

等兔子穩定下來後，就呼喚牠的名字；等牠靠過來後，就用手拿食物直接餵牠，或是輕柔地撫摸牠的背部看看。從正上方往下看會讓兔子覺得害怕，因此請讓視線與兔子同高，從正面與牠接觸吧！

等牠習慣人類後，就放出籠外看看

等兔子明白籠內是牠可以安心的地方後，就將牠放出籠外看看。也可以開始挑戰上廁所和抱抱等教養了。不過因為有個體差異，還是不要太勉強吧！

兔子喜歡被摸的地方是？

兔子有喜歡被摸的地方，也有討厭被摸的地方。為了讓彼此的交流更快樂，請事先記住這些地方吧！

剛開始撫摸時

請輕柔地撫摸牠的額頭和背部

兔子在野生世界裡是屬於被捕食的動物。由於天敵眾多，因此警戒心很強，有些個體並不喜歡被人觸摸。

一點一點地讓牠習慣被撫摸

等兔子熟悉新環境後，就可以輕柔地撫摸牠的額頭和背部。有些兔子會瞇起眼睛享受，也有些兔子會感到害怕。首先，請慢慢地讓兔子了解「被人撫摸是一件很舒服的事情」吧！

也可以活用零食

有些兔子不擅長與人接觸。這時，如果牠在被撫摸後靜下來的話，就要一邊稱讚牠「好乖」，一邊給予零食看看。

只不過，給太多零食會讓兔子不吃飼料，要適可而止才行。

接觸兔子時的重點

1 當牠心情不好時不要勉強摸牠

可能會被咬，因此不要勉強摸牠。

2 絕對不能亂抓尾巴和耳朵

尾巴和耳朵是非常敏感的部位，不喜歡被人拉來拉去，所以請不要抓著不放。

3 抓腳會造成受傷

腳一旦被抓，兔子會嚇到想逃而亂踢。隨便亂拉很可能會造成受傷。

學會兔子喜歡的撫摸方法

○ 輕柔地撫摸額頭和背部

大多數的兔子都很喜歡被人撫摸從兩眼之間沿著耳朵到背部一帶。請緩慢、輕柔地撫摸牠吧！

× 請不要摸這些地方

耳朵：不光只是聽聲音而已，還是擁有調節體溫機能的纖細器官。絕對不能抓著。

尾巴：不喜歡被拉扯或是用力抓住。

胸部：由於肺部很小，被抓住可能會引起呼吸困難。

腹部：一受到壓迫就會很痛苦。

也有助於教養

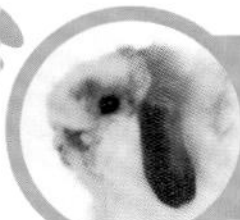

兔子做得好時，要一邊撫摸一邊稱讚牠

當兔子了解「被人撫摸會很舒服」之後，就可以活用在教養上了。當牠成功在便盆裡上廁所時，請一邊對牠說「你好棒喔！」，一邊輕柔地撫摸牠。如果兔子覺得被稱讚很高興的話，教養的效果就會更好。

●可以加深彼此的交流

等兔子習慣被人撫摸後，就能安心地和人生活了。人類也一樣，可以加深與兔子之間的交流。如果不習慣被人摸的話，萬一生病時就會很傷腦筋。請有耐心地讓牠習慣被人撫摸吧！

習慣被人撫摸後，就可以進行按摩

兔子的身體也和人體一樣有穴道。等牠習慣被人撫摸後，為牠進行按摩會讓牠非常高興。很多兔子都很喜歡耳根處和下巴附近被人輕柔地按摩呢！

懷抱的方法

教養的必修科目 抱在懷中的練習

抱在懷中可以加深兔子與飼主之間的信賴關係。雖然也有很多兔子不喜歡被抱，但還是有耐心地練習吧！

抱抱是與兔子展開交流的基礎。

抱抱是很重要的

不僅有助於溝通，健康檢查時也是必要的

抱在懷中是飼主要與兔子加深感情時不可欠缺的教養。只不過，如果練習時沒有理解兔子的心情，大多都無法順利進展，請特別注意。

不喜歡被抱也無可厚非

兔子一被抱起來、腳踩不到地面就會感到不安。為什麼呢？因為這是被敵人捕食時的姿勢。飼主雖然只是想抱起可愛的兔子，但對兔子來說，這卻是一種在習慣之前非常可怕的體驗——這一點請各位務必要記住。

做不到的話會非常傷腦筋

如果無法抱兔子的話，要移動牠時不僅更費工夫，也無法進行身體檢查或是梳毛等身體的清潔保養。請牢記懷抱的訣竅，不要放棄地努力挑戰吧！

抱在懷中的練習重點

1 在「不是兔子的地盤」裡練習

想在兔子的地盤裡抱牠時，會讓兔子變得激動起來。剛開始要在平常遊戲的地方之外練習，比較能夠順利進行。

2 排斥被抱時，可以使用零食

對於不喜歡被抱的兔子，只要牠能乖乖讓人抱，就要給牠零食並稱讚牠。讓牠記住「被抱＝高興的事」。

STEP 1 學會基本抱法

作為懷抱練習的第一步，就是要學會基本的抱法。
重點在於要用手掌好好地支撐臀部。

1 將手放在腹部與臀部上

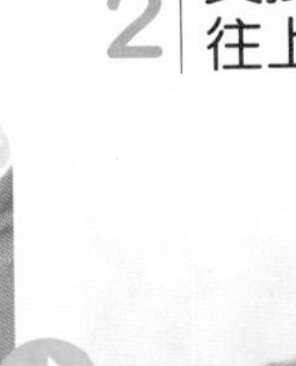

與兔子面對面，慣用手放在腹部，另一隻手放在臀部上。

2 支撐臀部，往上抱起

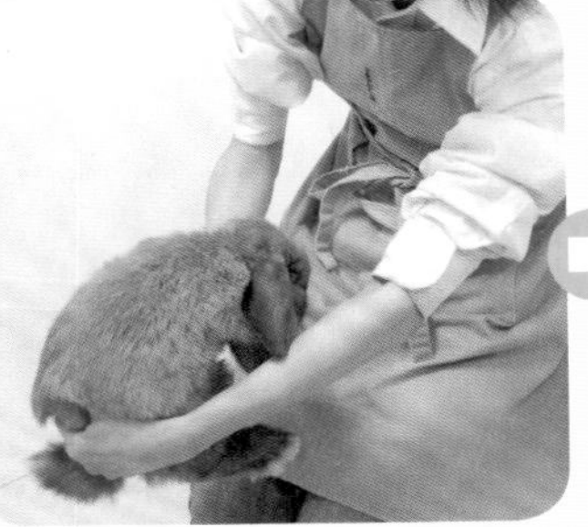

用手掌支撐兔子全身的重量，往上抱起。

3 貼合人的身體，確實地抱住

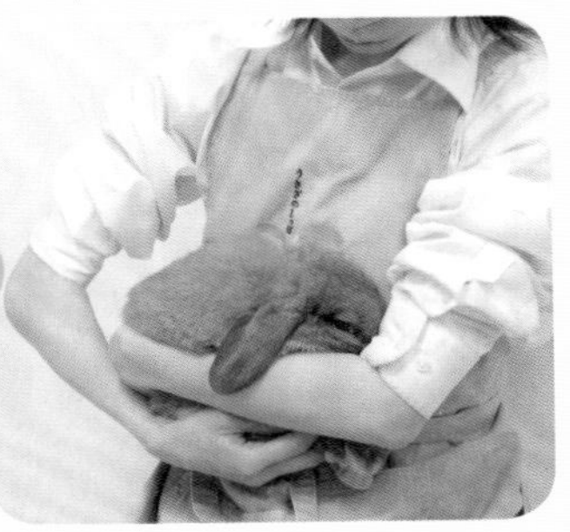

與自己的身體緊密貼合，以免兔子亂動。臀部和腳要確實地撐住。

冷靜下來，再次挑戰

即使兔子想逃也不要慌張，確實地抱住

兔子一認為「可以自由活動了」，就會突然想要逃跑。首先，請務必要熟練安全地抱起來的方法。

●先出聲再伸手

突然伸出手，會嚇跑兔子。要先輕聲地對兔子說：「○○，來抱抱囉！」再將手放到腹部及臀部上。剛開始要先撫摸牠的額頭等，讓牠放鬆下來後再進行。

●習慣後，不妨嘗試各種方法

熟練基本抱法後，就可以向仰躺抱法挑戰。有些兔子遲遲無法習慣，但請不要放棄，努力練習吧！

萬一兔子掙扎時……

兔子如果掙扎而扭身的話，可能會傷到脊椎。萬一兔子開始亂動，就要擋住牠的臉，遮蔽牠的視線。如此一來，兔子就會安靜下來了。

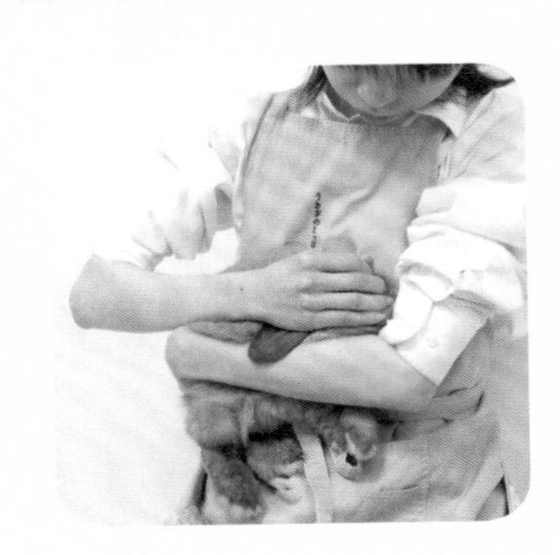

STEP 2 學會仰躺抱法

進行身體檢查和腹部的梳毛時，需要讓兔子仰躺。

要注意的是，當兔子患有心肺疾病、腹痛時，就不適合仰躺抱法。

1 讓兔子面朝前方，放在膝蓋上

以基本抱法將兔子抱起來後，使其頭部朝前，穩定地放在膝蓋上。

2 手放在腹部及臀部，使其仰躺

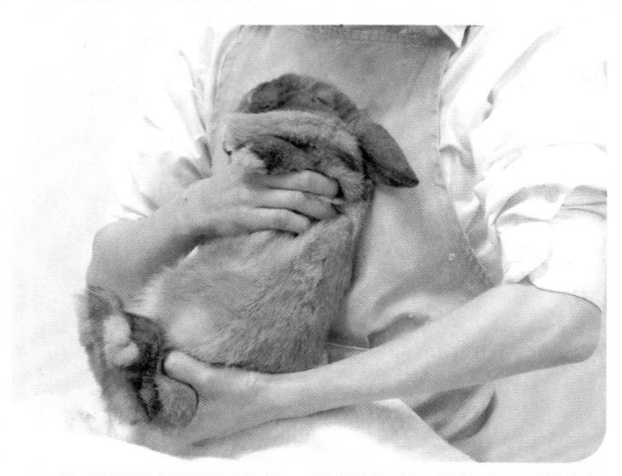

確實撐住臀部和腹部，慢慢地讓兔子仰躺。秘訣在於要緊靠著身體，不讓兔子亂動。

3 將頭部夾入脇下，固定身體

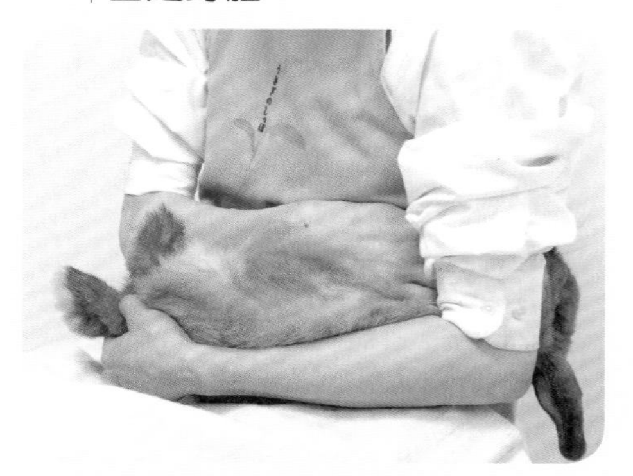

待兔子完全仰躺後，就將牠的頭部夾入脇下。如此一來，兔子就會乖乖聽話了。

依當天的體況和心情，有時也無法順利進行

就算已經做好了某種程度的懷抱教養，但是隨著當天兔子的心情而異，也可能會不想被抱而掙扎亂動。這時請不要被牠嚇到，要確實地將兔子的頭部夾入脇下。

如果一時慌張而放手的話，可能會讓兔子受傷；而且若是讓兔子產生「只要掙扎就能自由」的想法的話，懷抱的教養就會變得越來越困難。飼主要與兔子加深信賴關係，抱在懷中是不可或缺的練習，請不要放棄，努力嘗試吧！

STEP 3 仰躺抱法的變化版

要檢查嘴巴、牙齒、眼睛和鼻子時，建議使用這個方法。
只要將牠的下巴完全朝向上方，兔子就會乖乖聽話了。

1 讓兔子面朝自己，放在膝蓋上

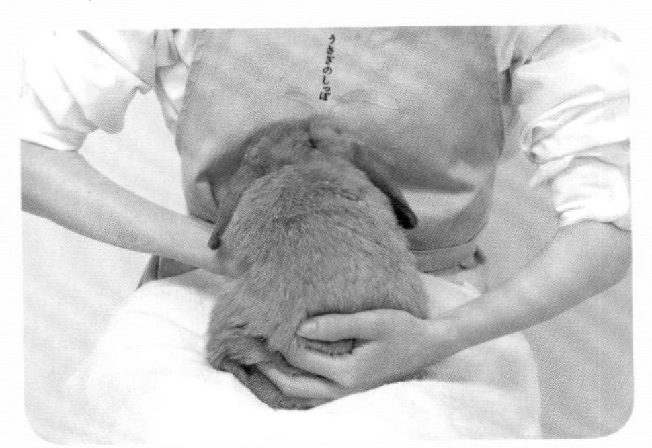

以基本抱法將兔子抱起來後，使其頭部朝向自己，穩定地放在膝蓋上。

2 手放在腹部及臀部，身體貼合兔子的腹部

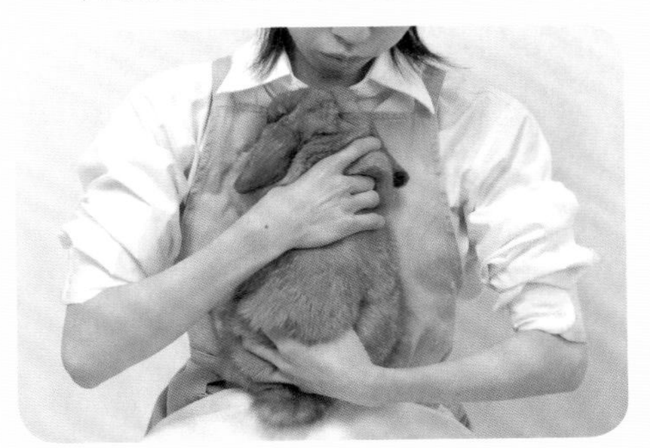

撐住兔子的臀部往上抱起，腹部與人的身體緊密貼合。

3 身體慢慢往前屈，將兔子放在膝蓋上

等兔子熟悉到目前為止的動作後，就可以讓牠仰躺了。確實撐住頸部後方，慢慢地向前倒下。

4 臀部夾入腋下，檢查眼睛和牙齒等

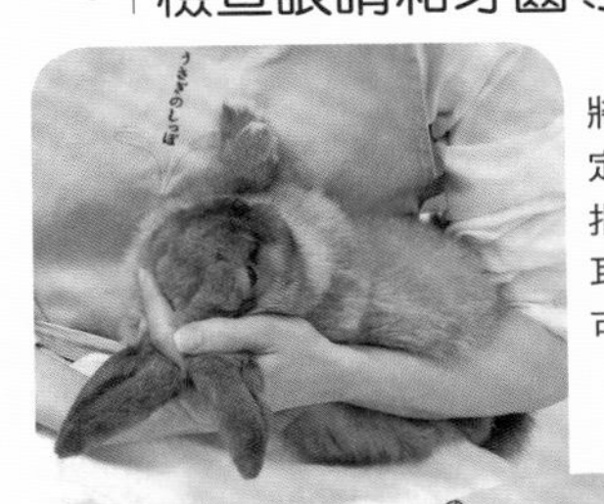

待完全仰躺後，將臀部夾入腋下，固定兔子的身體。以拇指、食指及中指夾住耳朵，固定頭部，就可讓牠穩定下來。

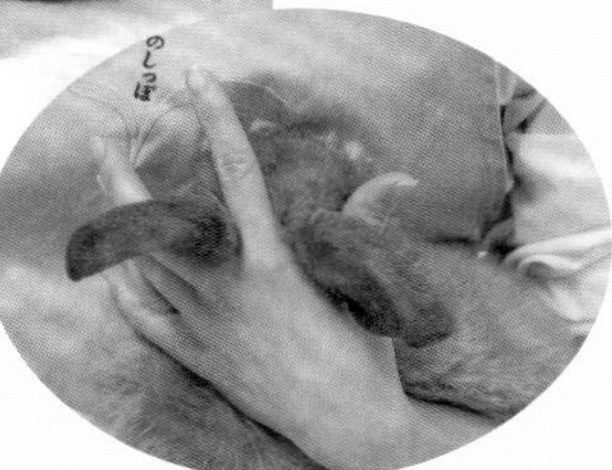

如廁的教養

用氣味來讓牠記住便盆的位置

野生的穴兔具有在固定的場所排尿的習性。只要加以利用，就能完成上廁所的教養。

重點在於失敗也不責罵，成功則要好好稱讚。

活用原本的習性

剛開始先以氣味來讓牠記住地點

有些兔子馬上就能完成上廁所的教養，也有些兔子老是做不好。重點在於要利用兔子會在固定場所排泄的習性。請使用氣味來讓牠明白上廁所的地點吧！

定好地點後，就要留下氣味

決定好放便盆的地點後，就要將沾有尿味的便砂或面紙等放入便盆中。如此一來，嗅覺靈敏的兔子就會知道「這裡是廁所」了。

就算做不好也要耐心教養

很少有兔子可以成功地在便盆裡排便並排尿的，因此飼主無須太過神經質。萬一失敗了，如果飼主嚴格地又打又罵的話，可是會讓兔子從此懼怕飼主的喔！

便盆要設置在籠子的角落

便盆請設置在籠子的4個角落之一。2面緊靠牆壁，可以讓兔子在上廁所時感到安心。此外，餐碗請盡可能設置在遠離便盆的地方。

如廁教養的順序

就算原本會好好上廁所，也可能突然又會在別處開始排泄。
請發揮耐心持續教養吧！

1 先在便盆裡放入沾有氣味的東西

先在便盆裡放入沾有尿味的便砂或面紙。如此一來，兔子就會了解這裡是廁所。

2 一發現兔子想上廁所，就帶牠到便盆

放兔子出籠遊戲時，如果發現牠抬高尾巴、坐立難安，似乎出現想上廁所的舉動時，就帶牠到便盆。

3 如果做得好就稱讚牠

對兔子說：「要在這裡上喔～」若牠能好好上完，就要輕柔地撫摸牠，並稱讚牠：「做得好棒喔！」

4 在其他地方排泄時，要立刻處理

萬一兔子在別的地方排泄，為了避免殘留味道，要立刻擦乾淨，並且噴上除臭劑。另外，先在籠子底盤鋪上寵物尿便墊，萬一兔子在便盆之外的地方排泄時，打掃起來會比較輕鬆。

美容的基本

一邊撫摸一邊梳毛

對全身都長滿被毛的兔子來說，梳毛是不可或缺的。請學會正確的做法，讓兔子也光鮮亮麗吧！

兔子也愛乾淨。用梳毛來讓身體常保清潔。

梳毛的必要性

在兔子的健康管理上，梳毛極為重要

梳毛不僅能美化外觀，在維護兔子的健康上也是不可或缺的。在換毛期的春秋兩季，掉毛會增加。但是，在以空調進行溫度管理的室內，並不一定會按照自然定律只在春秋兩季進行換毛。請從平時就養成梳理的習慣吧！

●每週一次進行梳毛

兔子雖然會自己理毛，但是當掉毛太多時，很可能會吞入被毛而引發稱為毛球症的疾病。梳毛不需要每天進行，大約一個禮拜進行一次即可。

●依毛質準備適當的用具

梳毛時要準備兔子用或是小動物用的刷子或梳子。長毛種和短毛種適合的用具也略有不同，請備齊合適的用具。

短毛兔的梳毛用具

●橡膠刷

能有效按摩，增添被毛光澤。

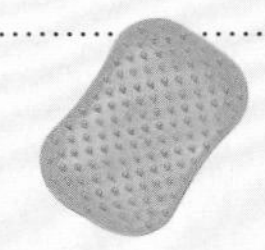

●豬鬃刷

是清潔保養最基本的刷子。

●圓頭針梳

梳理臀部附近的被毛時非常方便。

●順毛噴劑

可讓污垢浮出，使被毛亮麗。

短毛兔的梳毛秘訣

1 噴上順毛噴劑，仔細搓揉

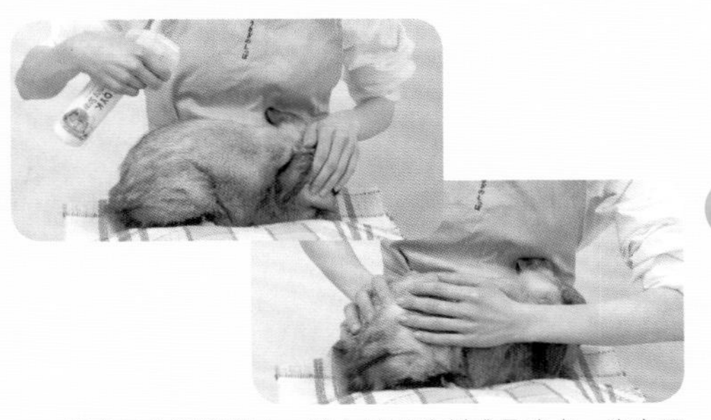

將兔子抱到膝蓋上，噴上順毛噴劑或是清水，注意不要噴到臉了。之後確實地搓揉，連毛根也要弄濕。

2 以橡膠刷去除掉毛

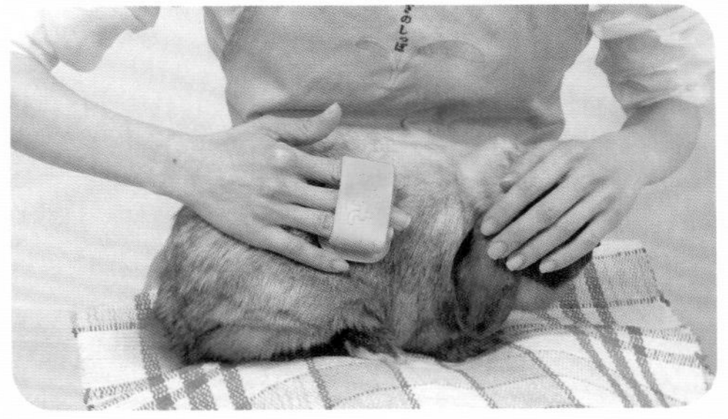

沿著毛流，從背部到臀部，再從臀部到背部進行梳毛，以去除掉毛。這個步驟在換毛期時要特別仔細進行。

3 以針梳去除浮起的毛

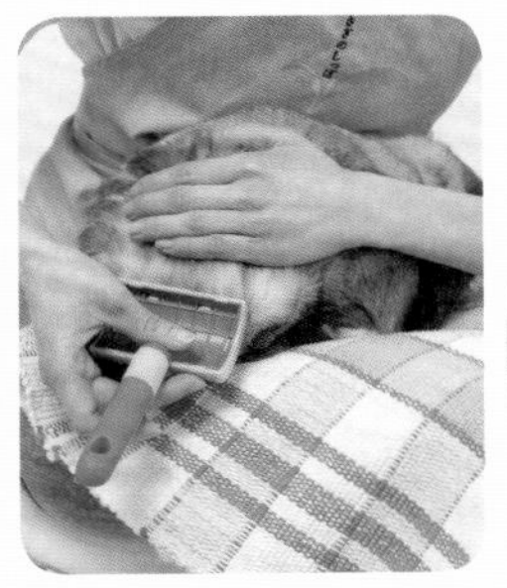

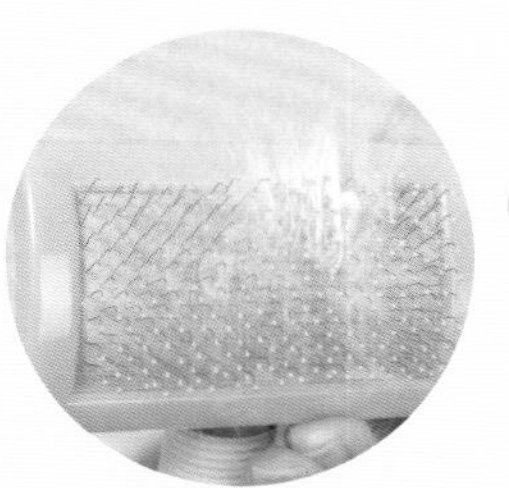

以針梳梳理時，要稍微將被毛提高一些，以免針梳直接碰到皮膚。輕輕地沿著毛流梳理，就能梳下許多毛。

4 以豬鬃刷進行梳理

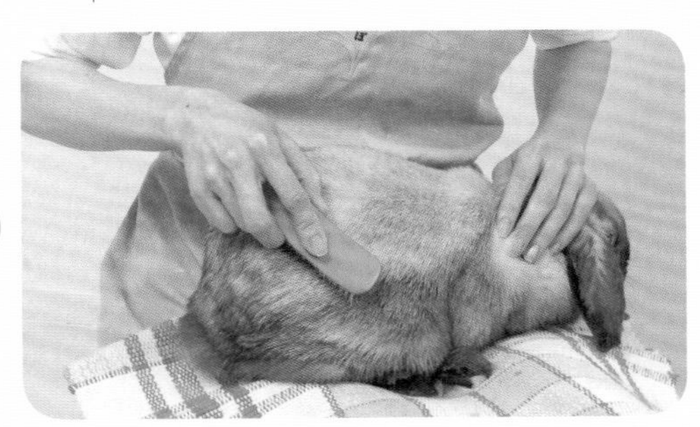

沿著毛流以豬鬃刷進行最後修飾。這樣也有促進血液循環的效果。

腹部不梳毛也沒關係

將順毛噴劑噴在手上後搓揉身體，也可以去除掉毛。皮膚柔軟的腹部請不要梳毛，而是用這種方法來去除掉毛吧！

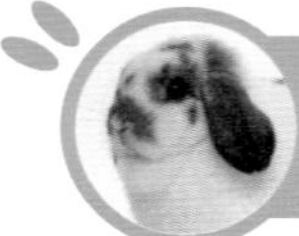

作為接觸的一環，梳毛極有意義

就算是要與兔子加深彼此的交流，梳毛也是非常重要的。如果不習慣與兔子接觸的話，就無法順利地梳毛。另外，如果兔子認為自己地位較高的話，就不會讓人隨便碰牠的身體。

●青春期時要在牠的地盤外進行梳毛

青春期之後開始出現地盤意識的兔子，可能會不喜歡在自己的地盤內被人梳毛。

請在遠離籠子的地方，將兔子放在椅子上或台子上來進行吧！

●為了飼主的健康，也要確實進行

怠忽梳毛的話，兔子很容易罹患皮膚病。另外，兔子的身上的皮屑和掉毛也是引發人類過敏的原因之一。為了維持兔子的身體清潔，請養成確實梳毛的習慣。

長毛兔的梳毛用具

●橡膠刷
能有效按摩，增添被毛光澤。

●圓頭針梳
可去除浮起的毛。梳理臀部附近的被毛時也非常方便。

●兩用排梳
可以深入被毛深處，因此也能清除皮膚周圍的污垢。

●順毛噴劑
可讓污垢浮出，使被毛亮麗。

●防靜電噴劑
具有保濕效果，
可讓毛流整潔亮麗。

也可以委託專業的美容師

當然最好是可以自行處理梳毛等清潔保養工作，但依照兔子的個性而異，有時可能無法順利進行。這時，不妨請教兔子專賣店的店員或是獸醫師等。另外，委託專業的美容師來進行也是一個方法。

穿戴口罩及圍裙，做好掉毛對策

掉毛亂飛，不僅會弄髒飼主的衣服，萬一從口鼻進入體內的話，還可能成為過敏的原因。梳毛時請穿戴口罩及圍裙。另外，為了避免被抓傷，請穿著長袖衣物或是戴上袖套等，就能安心作業了。

長毛兔的梳毛秘訣

1 噴上防靜電噴劑

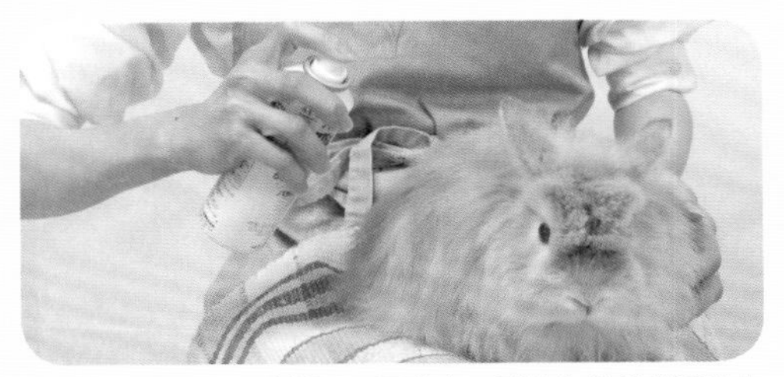

長毛兔容易產生靜電，因此在一開始作業前就要噴上防靜電噴劑。

2 以兩用排梳梳開糾結的毛

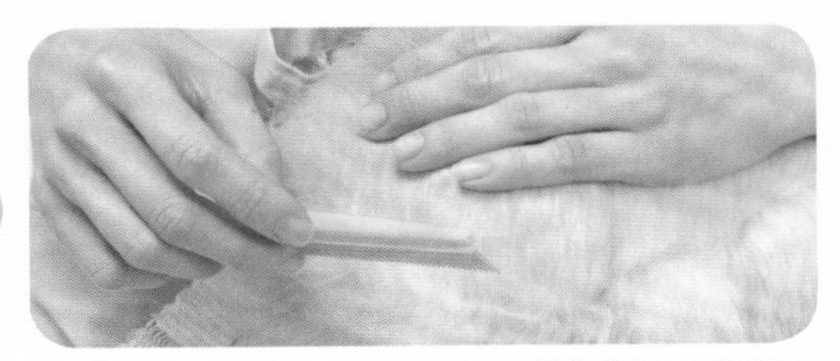

臀部周圍容易糾結的毛要以兩用排梳梳開。不要用力拉扯，按照粗目→細目的順序來梳開。

3 噴上順毛噴劑，仔細搓揉

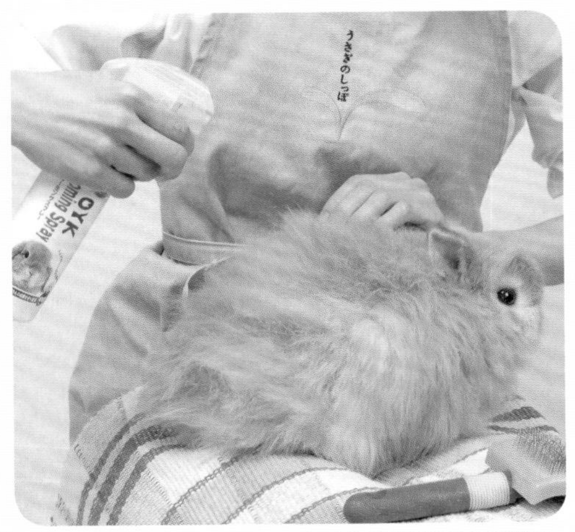

噴上順毛噴劑，注意不要噴到臉，用手確實地搓揉。光是這樣也能去除相當多的掉毛。

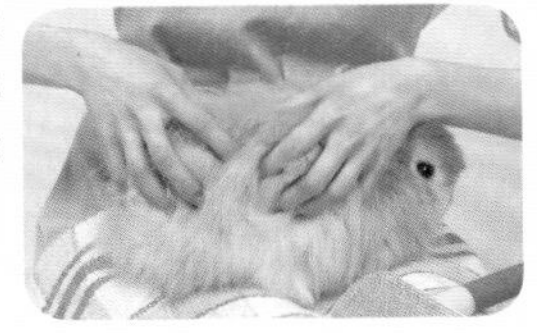

4 以針梳去除浮起的毛

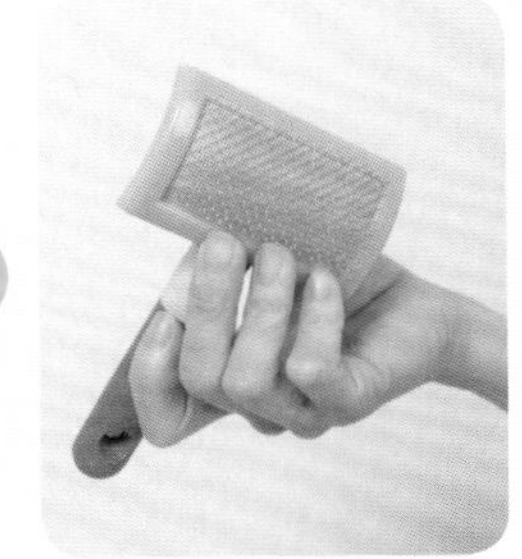

針梳要輕輕地拿。用力握住握柄會使得力道過猛，要注意。梳理臀部周圍的毛時要逆著毛流，其餘則要順著毛流來梳理。之後再以橡膠刷將掉毛刷除乾淨，增添被毛光澤。

5 最後噴上防靜電噴劑

為了保持美麗的毛流並預防靜電，最後要整體噴上防靜電噴劑。

趾甲・耳朵・眼睛的護理訣竅

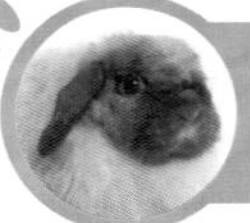

趾甲過長、耳朵和眼睛的髒污是引發受傷或身體不適的原因。請以正確的程序乾淨俐落地進行吧！

垂耳兔要特別注意耳朵的護理。

護理的訣竅

大多數的兔子都不喜歡，平常就要好好練習

很多兔子都不喜歡剪趾甲和清潔耳朵。但是如果任由趾甲長長的話，就會讓腳受傷；放著耳朵髒污不管的話，也會容易罹患皮膚病。

從兔子小時候就要開始練習，在可以做到的範圍內讓牠習慣護理吧！

事先構築信賴關係是很重要的

只要有過一次不舒服的經驗，兔子就會不喜歡剪趾甲和清潔耳朵。請記住正確的步驟，乾淨俐落地進行吧！

善加活用便利用品

使用適合兔子的趾甲剪和潔耳液，可以讓護理進行得更加順利。在寵物店或兔子專賣店選購這些用品時，不妨和店員討論一下，再購入方便使用的用品吧！

身體的這些地方要特別注意！

- ☐ **趾甲是否太長了？**
  前後腳的趾甲都要檢查看看是否太長了。
- ☐ **耳朵是否有髒污？**
  特別是垂耳兔，因為平常不易發現，更要仔細檢查。
- ☐ **眼睛是否有眼屎？**
  兔子理毛時多半會自己清掉，但有時無法自己清除，要幫牠檢查。
- ☐ **臀部是否因為下痢而髒污？**
  長毛兔特別容易髒污，要注意。

每次只挑戰一根也沒關係 剪趾甲

在能做到的範圍內進行 一天1根也沒關係，慢慢地讓兔子習慣

野生的兔子在山野裡奔跑時，趾甲會自然地磨損。不過，在室內飼養的兔子很少有機會能讓趾甲磨損，因此很容易長得太長。

要一次剪完所有的趾甲是很困難的，所以剛開始時一天只剪1～2根也沒關係。請慢慢地讓兔子習慣吧！

●可以的話由2個人來做會比較好

趾甲剪建議使用小剪刀類型的會較為順手。在熟練之前，以2個人一組來進行比較能維持兔子的固定姿勢，讓過程更為安全。要單獨進行時，請將兔子放在膝蓋上，輕輕地抱緊，好讓兔子的身體固定不動。

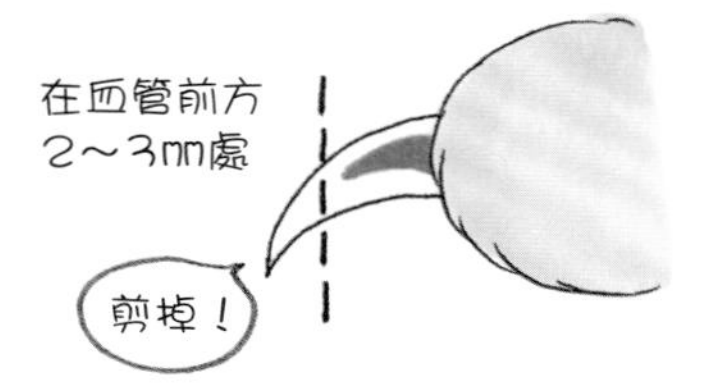

從距離血管2～3mm左右的地方剪掉。

由於兔子的趾甲有神經和血管經過，因此要先確認血管的位置後再剪。趾甲顏色較深時，可以用手電筒等照一下，透光後便能看清楚了。

有備無患的急救品

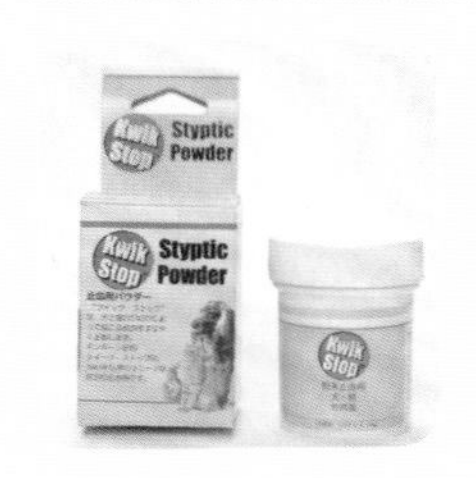

剪趾甲時，萬一不小心剪到了血管，就要用到止血劑。由於是粉狀，使用起來很方便，短時間內就能將血止住。

1 剪前腳的趾甲

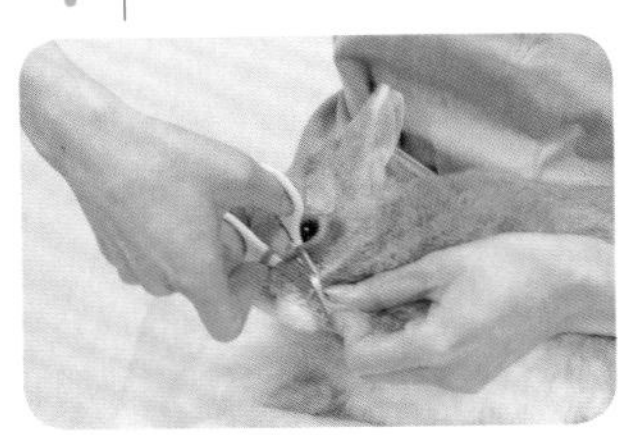

將兔子放在膝蓋上，剪一隻腳的趾甲。要剪另一側的趾甲時，要讓兔子的身體換邊。

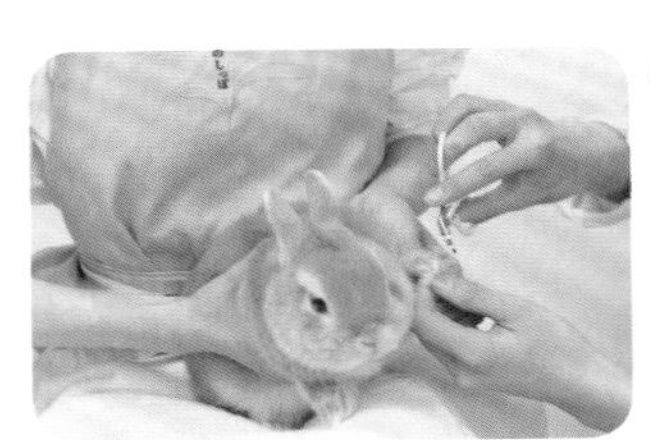

●到熟練為止，2人一組來進行

一個人確實地抱住兔子，輕輕壓住牠的腳；另一個人依序剪掉趾甲，就能順利進行。

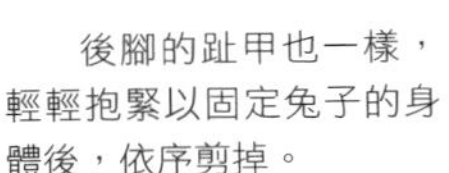

2 剪後腳的趾甲

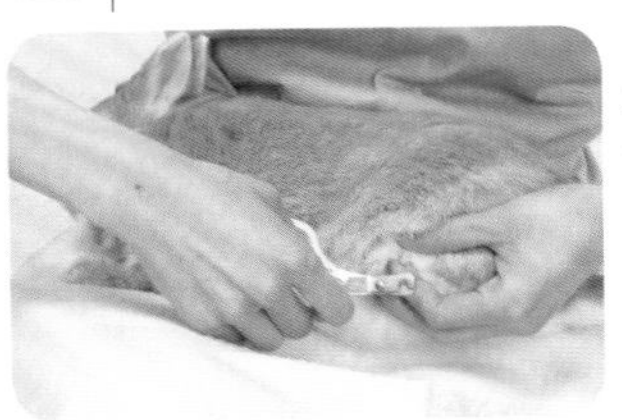

後腳的趾甲也一樣，輕輕抱緊以固定兔子的身體後，依序剪掉。

3 最後用銼刀修飾

最後如果還可以的話，就用銼刀將趾甲邊緣磨平吧！

檢查髒污和氣味！耳朵的護理

偶爾檢查一下

梳毛時也要確認耳中的髒污

只隨便看一下是很難看清楚耳內髒污的。尤其是平常看不見耳內的垂耳兔，更是要養成偶爾檢查一下耳朵的習慣。

兔子的耳內基本上要光滑乾淨才行。如果放著髒污不管的話，可能會引發耳朵的疾病。請在梳毛時順便確認一下耳中是否髒污、是否有不好聞的氣味吧！

使用潔耳液非常方便

要清除耳中的髒污，建議使用寵物用棉花棒等沾取潔耳液來進行，就能擦得乾乾淨淨。但是，如果耳垢太多、發出惡臭時，很有可能是生病了，請帶去動物醫院接受診察吧！

有助於耳朵護理的用品

請用不含酒精、不會造成刺激又能清潔髒污的寵物用潔耳液來清潔耳朵吧！寵物用棉花棒的棉球部分直徑達1cm，比普通的棉花棒還要粗，因此不用擔心會對耳內造成傷害。

用棉花棒輕柔地清潔耳朵

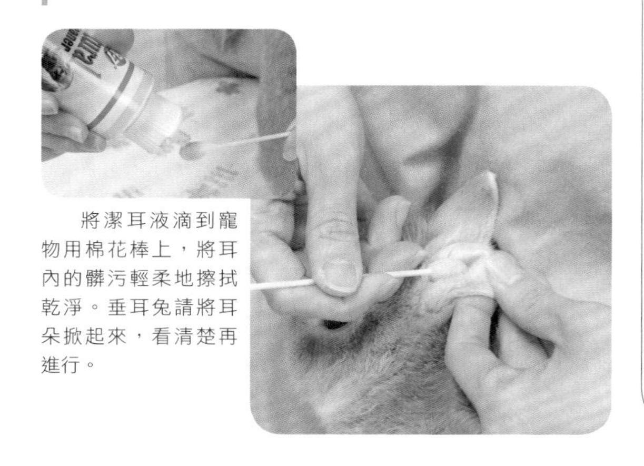

將潔耳液滴到寵物用棉花棒上，將耳內的髒污輕柔地擦拭乾淨。垂耳兔請將耳朵掀起來，看清楚再進行。

注意耳穴的位置

仔細看兔子的耳朵可以發現，裡面有2個洞。上方的洞比較淺，下方的洞比較深，就是所謂的耳穴。由於寵物用棉花棒的末端粗大，因此不需擔心會過度深入耳穴中。

輕柔地擦拭髒污 眼睛的護理

要注意眼屎等污垢

固定身體，注意安全地進行護理

由於兔子在理毛時多半會自己清掉眼屎，因此不需要頻繁地進行眼部護理。只有在牠自己清不掉污垢時，才需要飼主為牠清潔。

有污垢進入時要加以沖洗

要清除眼睛的髒污，建議使用洗眼液。有污垢進入時，可以直接將洗眼液滴入眼中，將污垢沖洗掉。乾硬的眼屎等污垢要用棉花沾取洗眼液，稍微輕敷一下後再將其擦拭乾淨。

1 滴入洗眼液

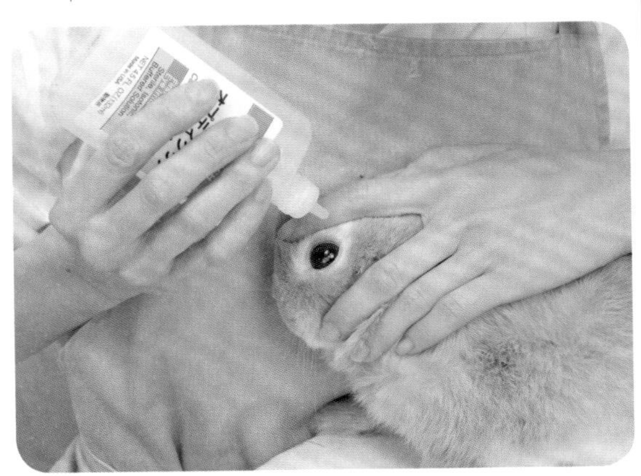

當毛絮等髒污跑進眼睛裡時，請壓制住兔子的身體，等其靜下來後讓牠睜開眼睛，滴入洗眼液。

2 以面紙等擦掉髒污

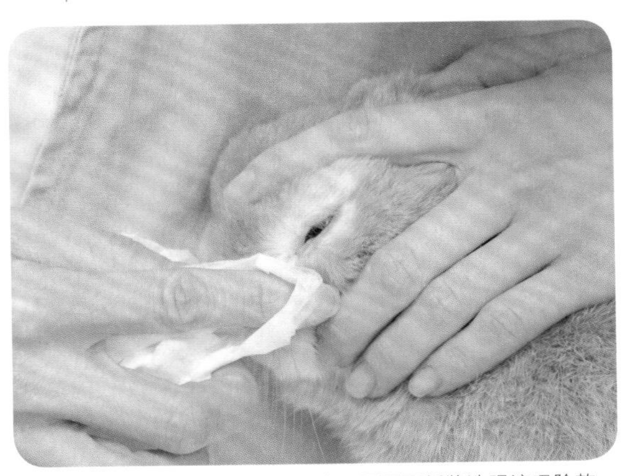

等毛絮因表面張力而浮起後，再用面紙將洗眼液吸除乾淨。如果勉強硬是要將眼裡的髒污清除，很可能會讓眼球受傷，要注意。

方便進行眼睛護理的用品

手邊有一瓶動物用的洗眼液會非常方便。也有將牢牢黏住的眼屎軟化，使其容易去除的效果。

身體髒污時，要用濕毛巾來維持乾淨

兔子會自行理毛，或是由飼主梳毛來維持被毛的整潔亮麗。但是若因為下痢等而使得身體髒污時，請用以溫水擰乾的濕毛巾等來幫牠擦拭乾淨吧！

此外，一般人在家很難幫兔子洗澡，萬一兔子全身髒兮兮時，不妨與兔子專賣店的人商量一下吧！

室內遊戲要每天一次

整天都關在籠中一定會運動不足。請決定好時間，放牠出來在室內遊戲吧！

兔子的好奇心很旺盛。放牠出來玩時，一定要確認安全。

愉快又安全地運動

活用各種玩具等，以消除運動不足

野生的兔子會在山野裡到處奔跑、挖洞等，活潑地四處活動。而整天待在籠子裡造成運動不足、變得肥胖的兔子也不少。請讓牠有時間可以在房間裡自由地遊玩，適度地運動吧！

●仔細確認室內的安全

在放兔子出來玩之前，請先檢查一下房間裡是否有危險的東西。由於兔子的好奇心很旺盛，只要稍微不注意，可能就會跑去意想不到的地方。另外，因為有啃咬東西的習性，所以不想被咬的東西要事先收拾好才行。

●只要顯露出疲態就要讓牠回籠

有精神地玩過一陣子後，如果變得不太想動的話，就是疲累的信號。請看情況讓牠回籠子裡休息吧！

讓兔子滿足本能的遊戲

1 鑽進狹小的地方

兔子最喜歡狹小的地方了。用紙箱做成隧道或迷宮，就會讓牠玩得很高興。

2 啃咬東西

請給予安全的啃木或是用牧草做成的玩具等，讓牠盡情地啃咬吧！

3 挖掘地面

喜歡挖掘的兔子也不少。不妨在紙箱中放入木屑等，讓牠挖著玩吧！

安全又愉快的遊戲規則

1 在圍欄內讓牠遊玩，或是將危險物品收拾好後再放牠出來

為了不讓兔子啃咬電線或觀葉植物等有害物品，避免牠跑去危險的地方，放牠出來玩時絕對不能離開視線。用圍欄來區隔空間便能安心。

2 決定好時間，讓牠每天出籠玩一次

放兔子出來玩的時間基本上是一天一次，每次30分鐘～2小時。太久的話會讓兔子疲累。

可以滿足好奇心並消除運動不足 球類遊戲

檢查素材

選擇用咬了也安全的素材製成的物品

可以用鼻子戳著滾動、用嘴巴咬著丟出去，或是爬上去遊戲等——很多兔子都很喜歡玩球。請選擇考量安全性所製成的玩具吧！

就算不玩也不要太在意

就算給兔子玩具，也不見得牠就會喜歡。或許有些飼主會覺得：「難得買來的玩具為什麼不玩呢……」但其實每隻兔子對玩具的興趣都不一樣，就算牠不玩，也請不要覺得失望喔！

鈴鐺球

由於是用牧草製成的，吃進去也沒關係。裡面裝有鈴鐺，一轉動就會發出聲音。

可以刺激本能，大大滿足 鑽入＆挖掘遊戲

也可以預防惡作劇

偶爾讓牠盡情地玩也很重要

野生的穴兔會在土中挖掘巢穴生活。因此在地面挖洞、鑽入可以說是兔子本能的行動。為了讓牠可以自由地挖洞、鑽進狹小的地方玩，請為牠準備玩具吧！

木製的房屋很受兔子歡迎

可以鑽進去玩的玩具建議使用木製或牧草製的。要選擇就算吃進去也很安全的種類。另外也有好幾個組合在一起、做成隧道狀的玩具。只要給牠玩這一類的玩具，大多就不會再做一些讓人傷腦筋的惡作劇了。

木製的方塊屋

可以鑽到裡面、爬到上面來玩。也可以連在一起做成隧道。

兔子圓頂屋

可以滾著玩的圓形。前後左右都有鑽洞。

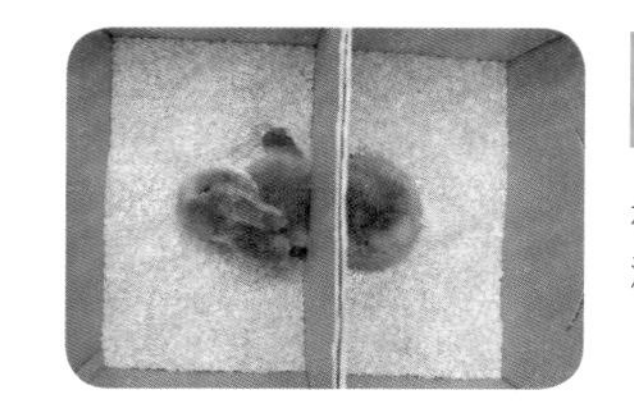

挖洞用小屋

在紙箱裡裝入樅木屑，可以挖洞來玩。

也很推薦 用紙箱DIY做成隧道的玩具

家裡如果有紙箱的話，不妨DIY做成隧道屋，可以讓兔子玩得開心。先準備幾個相同尺寸的紙箱，在2面各挖出一個作為出入口的洞，洞的大小約是兔子身體勉強可以通過的大小。

接著，可以並排連成一個長隧道，或是呈ㄈ字形排列、做成像迷宮一樣；也可以將紙箱上下連接，讓兔子爬上2樓來玩也很有趣。將不同大小的紙箱連接起來，稍微做出一點高低落差，可以讓兔子玩得更高興。

要結束遊戲時，不妨在出口處放置提籃，裡面放入牧草或零食等，好讓兔子儘快進入提籃中。

有助於預防牙齒過長 啃咬遊戲

設置於籠內

種類繁多，可以選擇自己喜歡的

兔子啃咬東西是為了預防牙齒生長過長所採取的一種本能的行為。一味地要牠「不能咬東西」只會讓兔子累積壓力，甚至有些兔子會開始啃咬籠子的金屬網。

要高明地讓兔子發洩壓力，請在籠中放入可以啃咬的玩具吧！

給予可以安心啃咬的物品

會直接接觸嘴巴的玩具，請務必選擇以安全素材製作的種類。只要選擇以天然木或牧草製作而成、吃下去也不會有問題的玩具就能放心了。

天然木啃木

將2片木板組合成十字形。因為是容易啃咬的素材，厚度也較薄，很多兔子都很喜歡。

立方體啃木

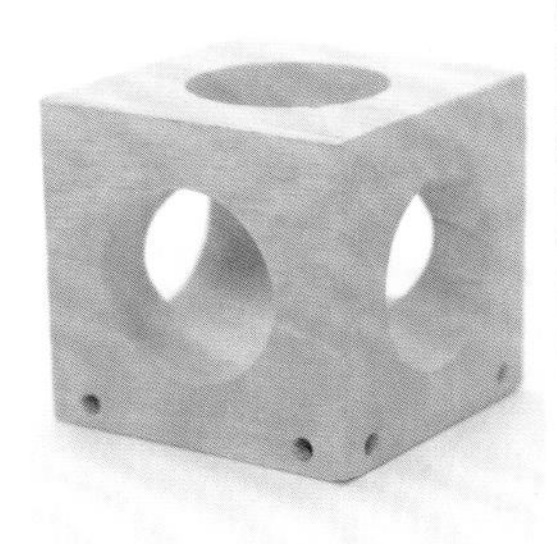

上面有5個圓洞，可以從各個地方開始啃咬。也可以在裡面塞入牧草。

在籠中也可以消除運動不足

最近市面上出現了許多可以設置在籠中，讓兔子能立體性地活動的商品，像是梯子或鐵絲網小屋等，方便兔子就算在籠中也能運動。右圖中的「鐵絲網小屋」是用金屬做成的，兔子可以進到裡面，或是像穿越隧道一樣地遊玩。

對於不太有時間放兔子出來陪牠遊戲的飼主來說，為了讓兔子在籠中也能消除運動不足，不妨在稍微大一點的籠子裡放入這類型的物品吧！

戶外遊戲&散步

「遛兔」可以消除壓力

在室外讓兔子玩耍的「遛兔」是非常有趣的一件事。只不過要安全地遊玩，有幾個地方必須要注意。

在室外玩耍，可以消除兔子的壓力。

遛兔的注意事項

以安全為最優先，要先考慮地點和計畫

帶兔子到外面散步，在喜歡兔子的飼主間稱為「遛兔」，是一個非常有趣的活動。

●遛兔要在5～6個月大之後

遛兔一般是將兔子裝入提籃中帶到目的地，等到了安全的場所後再放牠出來玩。

開始遛兔的時期，最好是在身體變得健壯的5～6個月大之後。抱在懷中的練習也要在開始遛兔之前就要做好。

●胸背帶和牽繩是必需品

在室外讓兔子遊玩時，一定要繫上牽繩。萬一兔子突然跑走時，沒有牽繩是很難抓到的。

選擇牽繩時，建議挑選可以確實穿戴在身上的、附有胸背帶的款式。

胸背帶&牽繩的種類

●套繩式胸背帶

這是穿過前腳、固定在背上使用的種類。請選擇適合兔子身體大小的尺寸。

●背心式胸背帶

這是做成背心式的胸背帶，穿上後可以用帶扣來調節鬆緊。具有安定感，兔子也比較舒服。

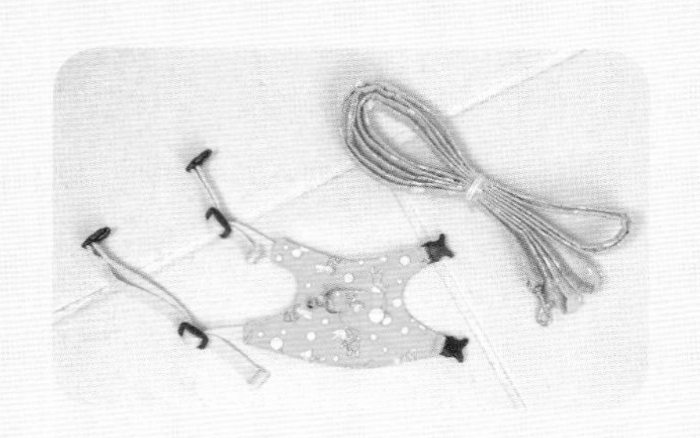

胸背帶&牽繩的穿戴法

1 抱到膝蓋上，讓牠穿上背心

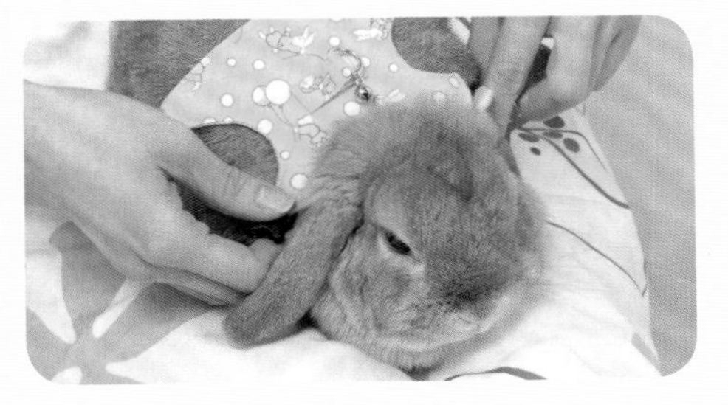

將兔子抱到膝蓋上，讓牠穿上胸背帶的背心。

2 調節帶扣，加以固定

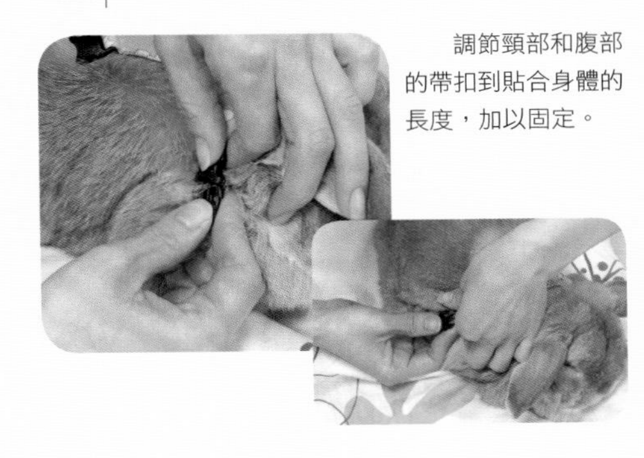

調節頸部和腹部的帶扣到貼合身體的長度，加以固定。

3 調成不會太鬆或太緊的狀態

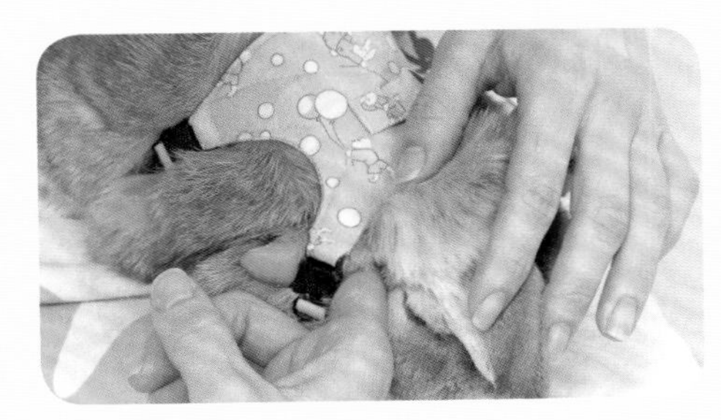

太鬆的話兔子會逃脫，太緊的話又會讓兔子喘不過氣。大約可以放入一根手指的程度就剛剛好。

4 繫上牽繩，完成

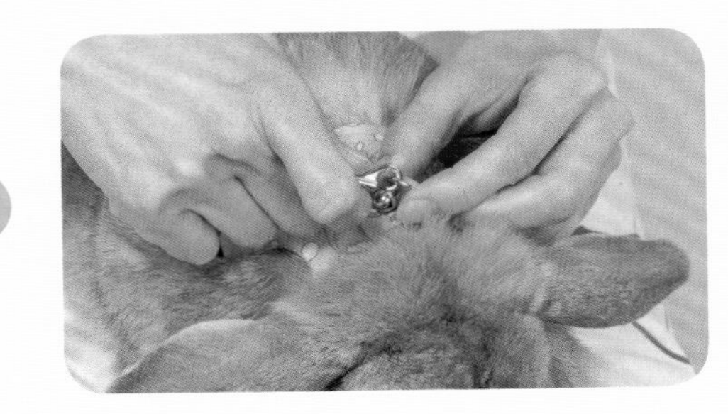

最後在胸背帶繫上牽繩即可。

在實際外出前，先讓兔子習慣胸背帶吧！

在帶兔子外出遛兔前，請先穿戴好胸背帶及牽繩，在家中進行練習。突然在室外為牠穿戴胸背帶和牽繩，可是會讓兔子嚇一大跳的喔！

為了避免兔子過於疲累，要注意觀察牠的模樣

遛兔的目的地請選擇可以讓兔子安全遊玩的場所。像是綠意盎然的公園就很值得推薦。

確實做好外出前的準備

除了胸背帶和牽繩，也別忘了飼料或零食、飲水、維持身體清潔的刷子等。可以阻擋直射日光的陽傘也是必備物品。

別忘了要確認天氣和氣溫

要避免夏天的炎熱時段和冬天早晚等寒冷時段，在氣候舒適的時候前去。另外，對於原本是夜行性的兔子來說，強烈的紫外線可能會對眼睛帶來不好的影響。

剛開始時要讓牠在圍欄內遊玩

剛開始時，因為還沒習慣外界的氣氛，有些兔子可能會覺得害怕。如果是可以使用圍欄的地方，不妨在自由散步之前，先讓牠在圍欄裡玩一下。可以藉此讓兔子逐漸習慣該處的氣氛。

在室外玩耍時，要注意這些地方！

1 貓狗、烏鴉等都很危險

貓狗如果突然接近會讓兔子嚇一跳。另外烏鴉也可能會來襲擊兔子。

2 不要進入有寄生蟲的地方

草叢中可能會有跳蚤或蝨蟎等寄生蟲。請注意不要讓兔子進入了。

3 不要讓兔子太過疲累

在室外盡情遊玩雖然很快樂，但卻會比平常消耗更多的體力。請觀察兔子的狀態，不要讓牠玩過頭了。

「遛兔」時要準備的物品

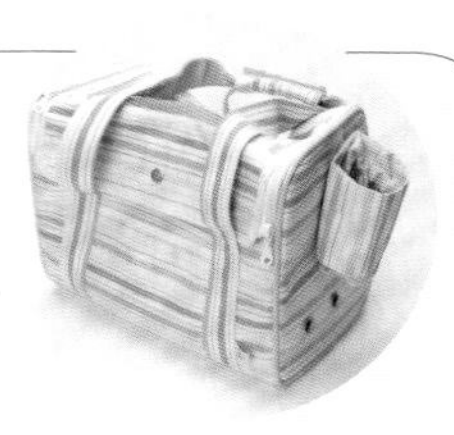

提籃
建議使用透氣性佳、附有腳踏墊的種類。布製的輕巧製品也很方便搬運。

一餐份的食物（牧草、飼料、水果等）

陽傘
出太陽的日子裡，可以用來遮陽。

圍欄（如果該處可以使用的話）
摺疊式的圍欄搬運起來比較輕鬆。

胸背帶＆牽繩
到了目的地後再穿戴上去。

飲水瓶
在外面玩耍時，可能會肚子餓或口渴，因此食物或零食、飲水瓶等也要一併帶去。

清潔護理用的刷子、毛巾等
腳底或身體的髒污要在回家前輕輕擦除。

植物性驅蟲噴劑
在遛兔前全身都要噴上。

「遛兔」的步驟

外出遛兔時，飼主如果能事先場勘的話會比較安心。
安全的路線、可以好好休息的地方等，這些都要先確認一下喔！

1 到目的地為止要以提籃移動

從家中到目的地為止的期間，請將兔子裝入提籃中移動。移動時間較長時，請在途中加入休息時間，不要過於勉強。

2 到達後，繫上牽繩開始散步

到達目的地後，就可以繫上牽繩，讓兔子在寬廣的場所裡玩耍了。如果兔子討厭胸背帶和牽繩時，可以用圍欄圈出一個範圍，讓牠在裡面玩耍。

3 途中別忘了要補充水分並休息

長時間在外遊玩，兔子也會消耗不少體力。請視情況為牠補充水分並休息一下。萬一牠好像餓了的話，也可以給牠吃飼料等。

4 回家時要以刷子去除身體的髒污

結束玩耍後，請稍微刷一下毛，將附在身上的泥土等污垢去除。腳也要先用毛巾仔細擦過後再放回提籃中，準備回家。

慢慢讓牠習慣外出與看家

要帶兔子外出或是讓牠看家，事前的準備都很重要。平常就要一點一點地讓牠習慣。

從小就要開始練習

事先讓牠習慣提籃就能安心

和兔子外出時，基本上是要裝入提籃中。只要在幼兔時期就讓牠習慣進入提籃中，日後就可以順利地外出了。

●讓牠明白自己的地盤

兔子是地盤意識很強的動物。有很多兔子在被帶離認為是自己地盤的籠子到外面來時都會感到不安。如果牠能明白「提籃也是自己的地盤」，就可以平靜地外出了，因此請從小就讓牠進行練習吧！

●不要突然就進行長時間的外出

第一次外出時，請從約10分鐘左右開始，逐漸拉長移動的時間。去動物醫院做定期健康檢查或是遛兔等，外出的機會其實還不少，請慢慢地讓牠習慣吧！

外出時的注意事項

1 移動時要裝入提籃中

長時間搭車移動時，建議選用舒適性佳的塑膠製品。

2 細心注意溫度的變化

兔子不耐冷也不耐熱，移動時的溫度管理要確實進行。特別是夏天和冬天更要注意。

3 注意食物及水分補給的時機

長時間移動時，要適時加入休息時間，補充飼料或水分等。

外出時的注意事項

盛夏時要特別注意，讓兔子能夠舒適地移動

在悶熱的夏天，提籃中的溫度和濕度都會變高，可能會有中暑的危險。

●夏天要儘量在涼爽的時段裡移動

夏天外出時，要儘量選在涼爽的上午或傍晚。非得在大白天出門不可時，請在提籃內放入用毛巾包好的保冷劑等，讓兔子可以清涼地度過。冬天時，則要使用暖暖包等，為兔子保暖。

●移動時間要儘量縮短

對兔子而言，外出會累積壓力。在途中的休息時間，牠可能會變得不想吃東西或喝水。請擬定好計畫，儘量在短時間內到達目的地吧！

不同交通手段的事前準備・注意事項

●搭乘汽車時

將提籃放在後座上，移動時要偶爾注意牠的狀態。注意不要照到直射日光或是直接吹到冷氣口的風。

●搭乘電車或飛機時

電車或巴士大多可以將提籃作為手提行李帶入。有時可能會另外收費，請事先加以確認。搭飛機時，大多會被放置在貨艙裡。

讓兔子看家的訣竅

2天1夜的話，待在家中也沒關係

2天1夜的話，可以讓兔子單獨看家。但是，溫度・濕度的管理一定要確實做好，避免讓兔子身體不適。另外，高齡的兔子、年紀尚小的兔子、病後體力衰弱的兔子等，請務必要避免長時間無人在家的狀態。

● 外出2天以上時，要先找好寄放處

必須離家數天時，可以寄放在寵物旅館，或是委託親戚朋友照顧。除了旅行之外，萬一飼主生病了，或是突然有急事要辦時，也必須要有可以照顧的人才行。平常就先找好可以委託照顧的人或地方，比較安心。

讓兔子看家時的注意事項

●儘量不要改變環境

兔子對於環境的變化很敏感。委託寄放時，飼料也要和平常吃的一樣等等，儘量不要讓兔子的生活環境出現變化吧！

●長期外出時，要先找好寄放處

要外出超過整整2天時，不妨寄放在寵物旅館等處吧！

●委託寄放時，要仔細告知

要由平常負責照顧的飼主向對方詳細說明飲食的內容，以及一天的時間安排等事項。

不會改變環境，比較安心

留兔子在家中看家時

留兔子在家中看家時，要準備充足的食物和飲水。請放入大量牧草，讓兔子可以吃到飽吧！飼料請按照天數來適量放置。另外，蔬菜和水果等容易腐壞，還是不要放比較好。為了避免飲水不足，不妨設置2個飲水瓶。

●確實做好溫度・濕度的管理

放置籠子的房間要使用空調或除濕機，維持舒適的溫度與濕度。對兔子而言，理想的溫度為室溫15～26℃，濕度則為40～60％。不妨以計時器巧妙地進行管理吧！

從短期間開始慢慢習慣

寄放在寵物旅館時

必須長時間離家時，寵物旅館是飼主的最佳幫手。只不過，有些地方並不收兔子，因此要事先打聽清楚才行。不妨先從2天1夜開始讓牠慢慢習慣，就能讓人安心。

另外，寄放時必須告訴員工兔子平常吃的食物和生活節奏等，或是將日常使用的物品帶去，盡可能讓兔子在相同的環境下生活吧！

若是養過兔子的人就能安心

拜託親戚朋友照顧時

拜託親友或熟人來照顧也是一個方法。如果是養過兔子的人就更能安心了。如果對方沒養過兔子，就要事先簡單地告訴他照顧兔子的方法。

另外，拜託也有養兔子的人照顧時，因為可能會和對方家的兔子打架，所以請要求對方不要將自家的兔子放出來。

PART

5

守護健康的飲食及給予法

飲食的基本

以均衡良好的飲食來維持健康

兔子是完全的草食性動物。在野生狀態下，牠們會吃富含纖維的草。請理解牠們的生態，給予有益健康的食物吧！

蔬菜也要加到每天的菜單裡喔！

基本上是吃牧草和飼料

牧草要隨時供應，飼料是一天2次

說到兔子的食物，很多人都會想到紅蘿蔔。不過，為了寵物兔的健康著想，最好還是以牧草和飼料為主食。

每天給予牧草和飼料作為主食，再少量加進蔬菜或野草等——這就是兔子的理想菜單。

●牧草在預防疾病上是不可或缺的

臼齒如果不確實地摩擦咬合，就無法食用牧草；因此它可以有效預防牙齒的過度生長。此外，由於富含纖維質，可以促進消化活動，也能預防毛球症等消化系統的疾病。

●決定好餵食的時間和分量來給予飼料

網羅兔子所需營養成分的飼料吃太多並不好。請早晚2次，決定好時間與分量後適量地給予吧！飼料吃太多會成為肥胖的原因。

可以給兔子吃的食物

■= 每天給予　▲= 偶爾給予

■ 牧草

這是草食性動物的兔子不可或缺的主食。

■ 飼料

這是以牧草為主原料，考量營養均衡所製成的飼料。請依照兔子的年齡和健康狀態來選擇。

■ 營養品

為了預防疾病，請定期給予有助於消化的乳酸菌和可預防毛球症的營養品。

▲ 蔬菜・野草

以黃綠色蔬菜為主來給予。野草也很不錯。

▲ 水果

作為教養時的獎勵或零食，少量給予。

▲ 蔬果乾、其他營養品

作為零食非常好用的蔬菜乾、水果乾，以及可以調整體況的營養品等，要視情況適量給予。

對於牙齒及腸胃健康而言是不可或缺的，要每天給予

牧草

選擇適合的種類

成長期要給予稻科及豆科的牧草，成兔要給予稻科的牧草

牧草又分成豆科的苜蓿草及稻科的提摩西草（梯牧草）等2種。豆科的牧草蛋白質及鈣質都很高，熱量也較高，因此很適合成長期的兔子。等出生超過6個月、成長狀況穩定下來後，就可以慢慢增加稻科的牧草了。特別是高齡兔，一旦鈣質攝取過多就會引發尿路結石，必須避免給予豆科的牧草才行。

●要檢查柔軟性和成分

即使同為提摩西草，也會因收割的時期不同而有1番割、2番割、3番割等不同的名稱。柔軟性和成分也有不同，請選擇適合家中愛兔的種類。

牧草的挑選訣竅

1 對應年齡來改變種類

在成長期時，豆科的苜蓿草和稻科的提摩西草要均衡地給予；成兔～高齡兔則是以低熱量的稻科提摩西草為主。

2 選擇新鮮、高品質的產品

購買時，要去寵物店或兔子專賣店挑選新鮮且高品質的產品。附近沒有店家時，也可以在網路上購買。

3 不要一次大量購買

兔子每天食用的牧草數量雖有個體差異，但並不會吃得很多。若是一次大量購買，在吃之前就會變得不新鮮了。

稻科

提摩西草1番割

因為是第一次收割的，葉和莖都較粗而青翠，非常新鮮。粗纖維30～35%，鈣質0.45～0.55%。

提摩西草2番割

和1番割相較，莖較少而柔軟，熱量也較低。粗纖維25～28%，鈣質0.57～0.62%。

豆科

苜蓿草

營養價值高，嗜口性也佳，最適合幼兔。相較於稻科的牧草，蛋白質及鈣質都很高。粗纖維29.8%以下，鈣質1.3%左右。

重要的是從小就要讓牠習慣

牧草請大量置於牧草盒中，好讓兔子隨時都能吃到。有時兔子會不肯吃牧草，但如果能從小就讓牠習慣的話，大多都不會排斥吃牧草。

飼料給太多，吃牧草的量就會減少

兔子的主食雖然是牧草和飼料，但如果飼料給較多的話，可能就會變得不吃牧草了。請慢慢減少飼料的分量、增加牧草的分量，兔子就會逐漸增加吃牧草的量了。

在品牌和形狀上下點工夫也很有效

無論如何都不肯吃牧草時，換個牌子試試也是一個方法。另外，給予做成像零食一樣呈方塊型的牧草也很不錯。

牧草

方塊型的牧草

做成容易食用的大小，就算是不喜歡吃牧草的兔子也會產生興趣。

下點工夫來讓兔子吃牧草

1 考量與飼料間的均衡來給予

如果飼料或零食給太多的話，兔子可能就不會想吃牧草了。飼料要控制在少量，讓兔子養成肚子餓就吃牧草的習慣。

2 方便兔子隨時都能食用

使用木製的牧草盒，就算兔子啃咬容器也沒關係。

牧草要在兔子想吃時方便牠隨時都能食用。請每天固定一個時間，在容器中放入大量新鮮的牧草吧！

3 從上面往下吊起來，或是加以編織看看

兔子不吃時，不妨將牧草裝入可以吊起來的球狀容器中，有時就能引起牠的興趣。將牧草編織成辮子狀或繩狀，由上往下吊起來也很不錯。

4 萬一變軟了，可用微波爐或日曬加以乾燥

剛買來時新鮮爽脆的牧草，時間一久就會變軟，香味也會消散。這時，可以用微波爐將水分烘乾，或是在太陽下曬個10～20分鐘左右，就能再次乾燥了。

配合年齡和體況，選擇最適合的

▶飼　料

確認表示成分

選擇纖維質較多，有咬勁的種類

飼料是以牧草為原料，添加必要營養素所製成的兔子的食物。或許有些人會想：「既然如此，只給牠吃飼料不就好了？」不過對兔子來說，富含纖維質的牧草和新鮮的蔬菜、野草依然是不可或缺的。

●依照年齡並視情況來改變

選擇飼料時，建議挑選纖維質較多、有咬勁的種類。這樣的飼料能夠幫助預防牙齒過長所引起的咬合不正。

另外也有長毛種用、成長期用、高齡兔用等，請選擇適合你家愛兔的種類吧！到了4～5歲後，開始會變得容易發胖，因此建議換成低熱量的高齡兔用飼料。

飼料的挑選訣竅

1 有適當硬度的

飼料有硬型、軟型和介於中間的類型。雖然說某種程度具有咬勁的比較好，但太硬的飼料可能會傷害牙根。軟型的飼料大多嗜口性較佳，建議在兔子食慾差時使用。

2 營養均衡的

請選擇纖維質多，含有適量蛋白質及脂肪的產品。攝取過多鈣質會引發尿石症，請挑選含鈣量較少的。購買時要看清楚表示成分。

3 顆粒大小容易入口的

依廠牌和種類而異，有各種不同的形狀。請儘量選擇顆粒較小，方便兔子食用的產品。

適合短毛種

SHOW FORMULA　主原料為苜蓿草

特色為低鈣、高纖維質。推薦給短毛種的兔子。為較硬的硬型。
蛋白質 15%～、脂肪 3%～、粗纖維質 17.5～22.5%、鈣質 0.75～1.25%

適合長毛種

WOOL FORMULA　主原料為苜蓿草

配合木瓜酵素，可以有效排出吞下去的被毛，最適合長毛種的兔子。
蛋白質 17%～、脂肪 3%～、粗纖維質 17～21%、鈣質 0.6～1.1%

適合2歲以上

SENIOR BLOOM　主原料為提摩西草

介於軟型與硬型中間。雖然要用牙齒咬碎食用，但對牙根很溫和，最適合高齡兔。水分吸收良好，也很好消化。
蛋白質 14～15%、脂肪 3～3.5%～、粗纖維質 17.5～20.5%、鈣質 0.5～0.6%

仔細洗淨新鮮的當季食材後給予

以黃綠色蔬菜為主，給予纖維質多的種類

草食性的兔子最喜歡蔬菜了。但是，生鮮的蔬菜一下子就不新鮮了，因此請每天更換新鮮的蔬菜吧！

●建議選擇纖維質多的蔬菜

可以讓兔子吃的蔬菜有：紅蘿蔔、青花菜、小松菜、高麗菜、青江菜等黃綠色蔬菜，以及蘿蔔葉、美生菜等。特別是不太吃牧草的兔子，不妨給牠吃青花菜莖、芹菜莖等纖維質豐富的蔬菜。

●有尿路結石時，要注意所給的蔬菜

蔬菜中所含的鈣質雖然不多，但罹患尿路結石的兔子還是要注意避免給予鈣質較多的蔬菜。小松菜、青江菜、荷蘭芹等由於鈣質含量較多，給予的量要少一點為宜。

給予蔬菜時的注意點

1 注意不要給予過多

由於嗜口性高，給太多的話可能會讓兔子不吃牧草和飼料。分量標準大約是每1kg體重對200ml的杯子1杯（切碎的狀態）。芋類等澱粉質較多的蔬菜會對消化道造成負擔，要謹慎給予。

2 水分多的蔬菜要少給

兔子喜歡萵苣、高麗菜、白菜等蔬菜，但這些菜的水分較多，吃太多可能會引起下痢，要注意。

3 洗淨後瀝乾水分再給

蔬菜要用水洗淨後再給予。確實瀝乾水分，切成方便食用的大小，再放入餐碗中餵食。

這些蔬菜不能餵食！

馬鈴薯的芽和皮、生豆、大黃、蔥、洋蔥、韭菜、大蒜等，請絕對不要給兔子食用。這些蔬菜中所含的成分會引起兔子嘔吐、下痢、呼吸困難、貧血等。

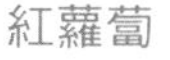

紅蘿蔔

帶有甜味，很多兔子都喜歡吃。有豐富的胡蘿蔔素。

青花菜

莖部有豐富的纖維質。維生素C等營養素也很均衡。

青江菜

吃起來脆脆的，口感極佳。維生素A和C也很豐富。

挑選沒有被廢氣污染的乾淨野草

野草

野草的效果

新鮮的野草有助於調整身體狀態

有助於調整兔子身體狀態的野草有很多。像是繁縷、蒲公英、酢漿草、薺菜等，這些都是容易採集、兔子也愛吃的野草，非常推薦。

●有些種類是有毒的，要注意

野草要在不妨礙作為主食的牧草及飼料的攝取下，少量地給予新鮮的種類。另外，就如右邊框格的內容所示，有些野草是有毒的。請先確認安全性後，再給兔子食用吧！

●採集時要注意地點

生長在路邊的野草可能會被廢氣或是貓狗的排泄物所污染。還有，有些野草可能會沾到農藥，請徹底洗淨後再給予。

繁縷
有抗風濕痛、止癢等作用。

薺菜
有強壯作用及子宮收縮作用等。

酢漿草
富含維生素及礦物質。有強壯作用，可以增強元氣。

蓍草
有利尿作用、抗黏膜發炎作用等。

西洋蒲公英
有利尿作用、緩瀉作用等。

這些野草不能餵食！

許多野草對兔子來說都是有毒的。請對照植物圖鑑等，在遛兔的途中注意不要讓兔子誤食了。

●對兔子有害的主要野草

毛茛、紅花石蒜、博落回、白屈菜、北美一枝黃花、龍葵、東北紅豆杉、夾竹桃、石楠花、日日春、馬醉木、金雀花、牽牛花、番紅花、水仙、鈴蘭、烏頭、白英、聖誕紅、紅菽草、蕨菜等。

給予藥草時的注意點

有藥效成分的植物就稱為藥草。藥草可以為人類帶來各式各樣的健康效果，當然對兔子來說也可以期待相同的功效。只不過，其中有些種類的刺激可能會太過強烈。請利用植物圖鑑等確認其安全性後，再作為零食般地少量給予吧！

零食要有效地加以活用

香甜的水果和市售的零食類都是兔子的最愛。請不要影響到正餐的攝取，作為教養時的獎勵好好活用吧！

草莓是兔子最喜歡的水果。但由於糖分較高，要注意。

水果的選擇法

如果糖分較多，就要注意給予的分量

水果是纖維質較多、維生素也很豐富的健康食品。但是由於糖分也多，而且熱量也較高，餵食過多可能會造成肥胖或蛀牙，要注意。

適量給予身體嬌小的兔子

大家可能會認為1、2顆草莓沒什麼了不起，但是對於體重只有人類的50分之1的兔子來說，吃1顆草莓就相當於人類吃幾十顆的量了。

給予水果時，請切成小塊，少量地給予吧！

可以當成教養時的獎勵

很多兔子都喜歡水果，因此作為教養時的獎勵會非常有效。例如進行抱在懷中的練習時，如果牠表現得好，就可以給牠少量的水果，會讓兔子非常高興喔！

推薦餵食兔子的水果

蘋果、葡萄、草莓、香蕉等。另外，鳳梨和木瓜含有促進腸胃運作的酵素，具有預防毛球症等腸胃疾病的效果，特別值得推薦。

蘋果和柳橙請去皮後
再切成小塊給予。

不可以餵食兔子的水果

酪梨有引起中毒的危險，絕對不能給兔子食用。

蔬果乾非常方便

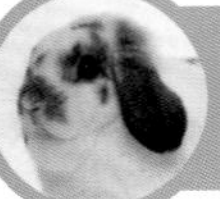

嗜口性高，可以活用在接觸時間

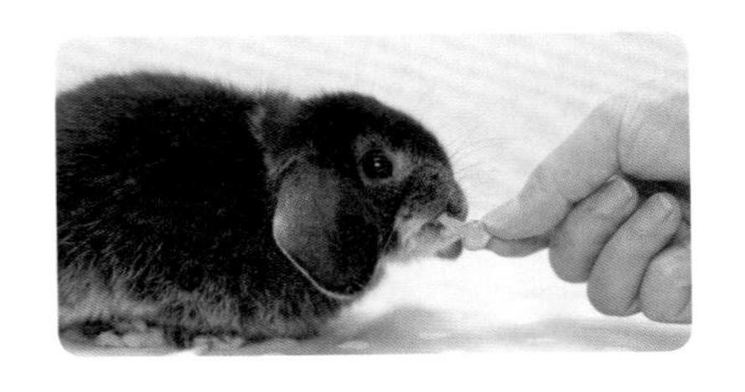

市面上有許多作為兔子零食的乾燥蔬菜、野草或水果等。由於大多都是高熱量的產品，請務必注意不要給太多了。

最適合作為溝通工具

一開始養兔子，飼主就必須要進行親手餵食的練習。由於很多兔子都喜歡吃蔬果乾，因此最適合用於最初的接觸練習了。

要選擇纖維質多的產品

挑選零食時，請不要被外包裝迷惑了，而是要注意看原材料。將天然木瓜曬乾製成的產品可以幫助預防毛球症，特別推薦。

蔬果乾

香蕉片
這是將乾燥的香蕉切成小塊的產品。不添加色素及防腐劑，可以安心使用。

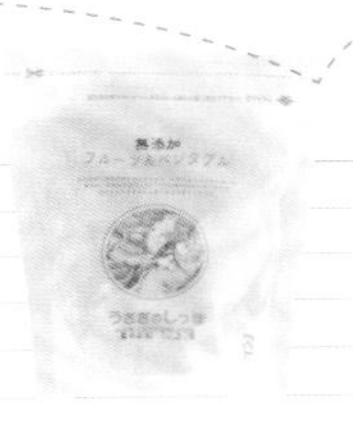

大麥若葉
由契約農家進行栽培，在播種後約45天左右收割，營養滿點。

營養品的效用

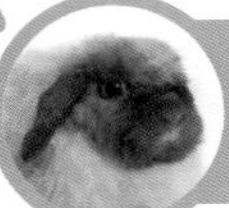

視身體狀況及年齡來選擇必要的產品

對兔子的健康來說，最重要的就是均衡的飲食。除此之外，也很建議視情況來加入營養品或健康食品。

乳酸菌及預防毛球的營養品為必需品

乳酸菌和納豆菌具有優秀的整腸作用。木瓜酵素錠劑等也有預防毛球症的效果。另外還有許多營養品，像是可以提高免疫力的蜂膠和巴西蘑菇、對皮膚病和內臟疾病有效的甲殼素、有回春效果的輔酶Q10、維生素等。請以長壽兔為目標，巧妙地善加活用這些產品吧！

營養品

含有乳酸菌的零食
添加乳酸菌及穀物，是有助於維持腸內環境的像零食般的健康食品。對輕微下痢也有效。

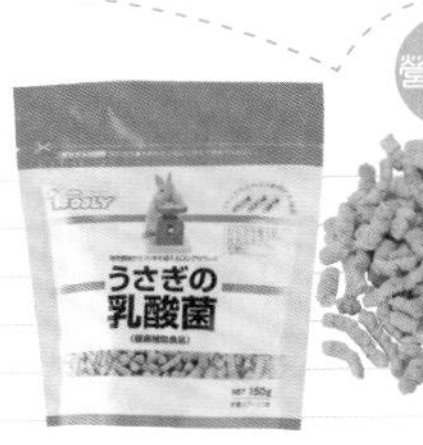

乳酸菌錠劑
由乳酸菌與澱粉煉製而成。每天大約餵食2～3顆。

ACTIVE ENZYME
鳳梨酵素的作用可以有效預防毛球症。具有融解黏附在被毛四周的澱粉質、蛋白質的效果。

飲食的煩惱

以正確的飲食習慣來消除飲食的煩惱

均衡規律的飲食生活是維持健康不可或缺的。

每隻兔子對食物的好惡都不相同。因偏食而傷腦筋時，不妨向獸醫師或兔子專賣店的人員請教一下吧！

去除偏食的訣竅

從小就讓牠習慣牧草與飼料

詢問飼主的煩惱可以發現，有些兔子喜歡吃蔬菜和水果，卻不太吃牧草和飼料；甚至也有兔子討厭吃牧草，連碰都不想碰。

對於草食性動物的兔子來說，牧草和飼料是最理想的飲食。

請從小就讓牠適應，養成正確的飲食習慣吧！

固定分量，不要讓牠予取予求

寵物兔和野生的兔子不一樣，運動量較少，也可以吃到許多營養價值高的食物。因此若是讓牠想吃多少就吃多少的話，很容易就會肥胖。請以右邊框格的食物量為參考，注意不要讓牠吃太多了。

一天給予的食物分量參考

以荷蘭侏儒兔的成兔為例

- 提摩西草要大量供應，以便隨時都能吃到。
- 飼料的量約是體重的3%。例如體重1kg的兔子，大約就要放30g左右。不過，到6個月大為止請讓牠想吃就吃到飽。
- 蔬菜大約是體重每1kg對200ml的杯子1杯（切碎的狀態）。
- 野草要適量，水果和蔬果乾的量要少一些。

煩惱1 不吃飼料

從小就要讓牠習慣牧草與飼料

飼料對兔子而言是僅次於牧草的重要每日主食。當兔子不吃飼料時，不妨減少蔬菜和水果的分量，好讓牠對飼料產生食慾。無論如何都不肯吃時，改變飼料的種類看看，或許也能解決問題。

但是，如果一直更換種類的話，兔子可能會認為「或許還會有更好吃的東西出現」而想要換新的口味。若是兔子有愛吃的飼料時，請持續給牠相同的牌子即可。

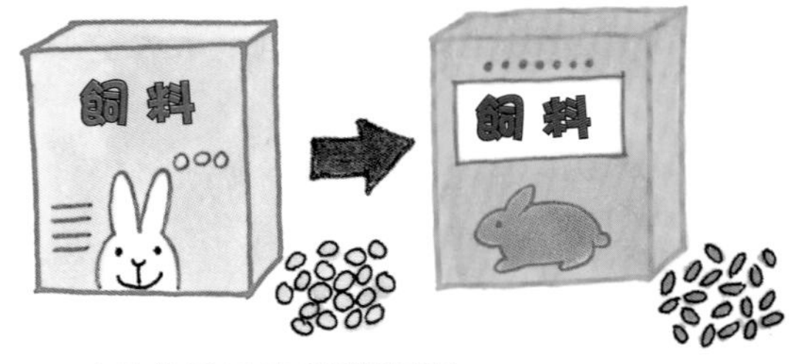

● 更換飼料的種類看看

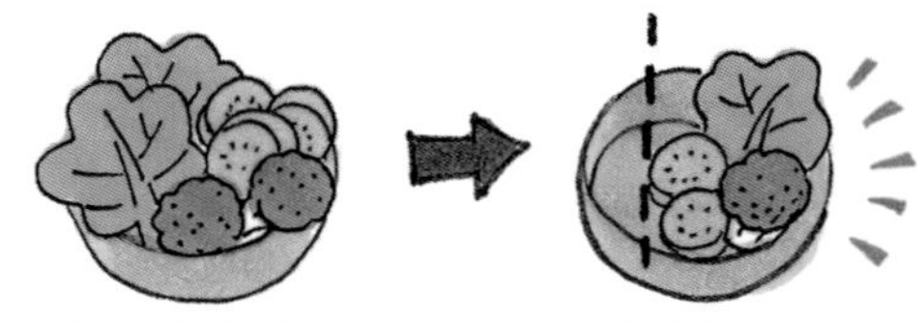

● 減少蔬菜或水果（零食）的分量

煩惱2 不吃牧草，只吃飼料

重新檢視飼料的分量，給予牧草時也要下點工夫

有些兔子只吃飼料而不吃牧草。不吃牧草的理由之一是，其他的食物就已經可以吃飽了，不會讓肚子餓的關係。只要減少飼料或其他食物的分量、更換一下牧草的種類等，通常就能讓情況有所改善。

另外，將牧草用剪刀剪碎或用木槌敲碎，可以增加香氣，讓兔子產生興趣。也可以裝入吊起來的玩具中，讓兔子在拉著玩耍的同時，漸漸喜歡上牧草。請在給予牧草的方法上也多下點工夫吧！

牧草要保存在密閉容器中

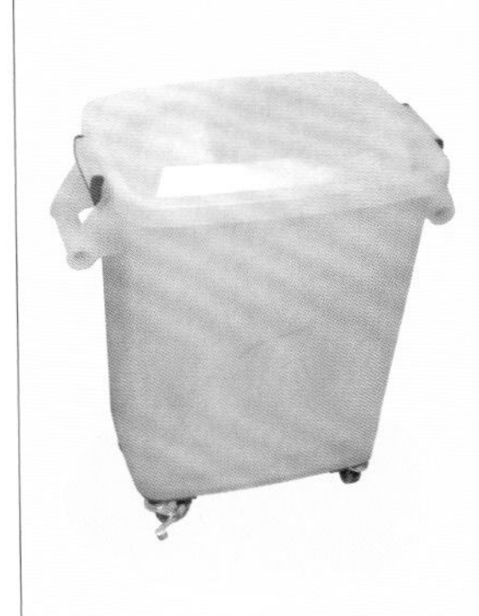

時間一久，牧草的香味就會消失，而使得風味大為降低。只要利用專用的牧草保存容器（圖左），就能避免鮮度降低。

另外，也可以分成小份裝入食品保存用的夾鏈袋中，盡可能除去空氣，保存於陰涼場所。

煩惱3 吃得很少，好像都沒在吃東西

有沒有好好地吃，測量體重就知道

就算給牠食物，牠也吃得不多，好像沒什麼食慾的樣子……雖然吃太多並不好，但吃得少也很讓人擔心。不過，並非所有的兔子都會在餵食後馬上開始吃，所以不妨確認一下，牠是不是要過了一會兒後才會開始吃。

請不要因為牠不吃就馬上收拾乾淨，而是要將裝有飼料或蔬菜的餐碗稍微放置片刻，觀察一下情況。有時只要更換牧草或飼料的種類，食慾就會變好了。

另外，體重要定期測量，如果變瘦的話，或許就是真的沒吃東西。由於可能是生病所造成的食慾低落，不妨詢問一下獸醫師。

煩惱4 會打翻餐碗，邊吃邊玩

採用固定式的餐碗，讓兔子可以規矩地吃飯

兔子會因為「我還想再吃！」、「我不喜歡這種飼料！」而打翻餐碗，甚至是丟出去。不過，這只是要引起飼主注意的行動而已。如果因為這樣就替牠更換飼料，或是給牠牠愛吃的東西的話，可能就會養成壞習慣。

首先，將餐碗換成無法打翻的固定式。兔子一開始邊吃邊玩，就立刻將散落的食物清走；如此一來，兔子就漸漸不會吃得散落一地了。另外，有時候是因為餐碗裝設在不方便吃的地方，讓牠不喜歡而打翻的，因此請確認一下餐碗是否設置於牠容易用餐的地方吧！

採用以螺絲牢牢固定於籠子上的固定式餐碗，就不用擔心會被打翻了。

煩惱5 想替牠換個口味，但牠卻不吃新的飼料

兔子的味覺很保守，要一點一點地進行更換

最近好像變胖了，所以想要替牠換成低熱量的飼料，但是換了新的飼料，牠卻一口都不吃，讓人傷透腦筋──像這樣的煩惱經常可見。

兔子在味覺上是非常保守的。一旦吃慣了某種飼料（牧草也一樣），之後要更換種類時，經常就會變得不肯吃。

請一點一點地混入新的飼料，讓牠逐漸習慣新的味道吧！大致說來，第1個星期要混入4分之1的新飼料，第2個星期是2分之1，第3個星期是4分之3，大約1個月後就可以完全換成新的飼料了。

此外，就算是同一種飼料，不同批次的產品也可能會讓兔子不吃。這時，請在原本的飼料吃完前就稍微添加一點新飼料，通常就不會有問題了。

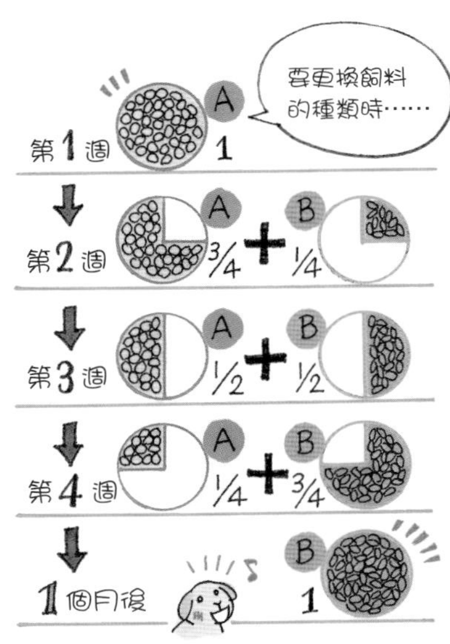

餵食時，也要給予充足的新鮮飲水

飲水瓶的飲用口要調成兔子容易飲用的高度。

「兔子喝水會死掉」──雖然有此一說，但這並不是真的。特別是在炎熱的夏天，水分不足的話很可能會引起中暑。

對於以牧草和飼料等乾燥食品為主食的兔子來說，飲水瓶中請務必要放入大量的新鮮飲水。不只是飲水量有個體差異，就算是同一隻兔子，不同日子的飲水量也會不一樣。請視情況經常補充，別讓飲水瓶變空了喔！

要注意人類的食物和有害的植物

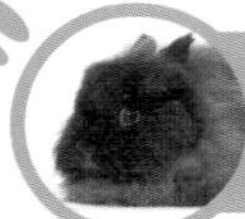

吃下去就會中毒的植物，還有刺激性強烈的人類的食物等，都會損害兔子的健康。請多加注意。

請檢查家中的植物是否有危害。

這些東西都有害

要避免甜食、碳水化合物，以及會引起中毒的東西

被可愛的兔子一央求，難免就會想分一些甜點或人類的食物給牠吃。可是，這些東西都會對草食性的兔子身體產生不良影響，還是不能心軟喔！

一旦記住味道就會央求，要注意

餅乾、冰淇淋、蛋糕等甜點類由於糖分較多，會成為肥胖的原因。只要給過一次，兔子就會記住味道而過來央求，所以還是不要給牠吧！另外，巧克力中所含的咖啡因對兔子有害，絕對不能給予。

不新鮮的東西對身體不好

請給牠新鮮的蔬菜或野草，每天進行更換吧！要是吃了腐敗的東西，很可能會拉肚子。此外，飼料和牧草開封後要妥善保存，儘量在1～2個月內使用完畢。

可能會造成中毒的食物・植物

蔬菜

大蒜、薑、韭菜等氣味強烈的東西，以及馬鈴薯的芽和皮、生豆等，都可能會引起中毒。

人類的食物

咖啡、茶類、巧克力中所含的咖啡因會對兔子有害。

觀葉植物

風信子、黃金葛、鈴蘭、仙客來、孤挺花、番紅花、鳳仙花、杜鵑花等。

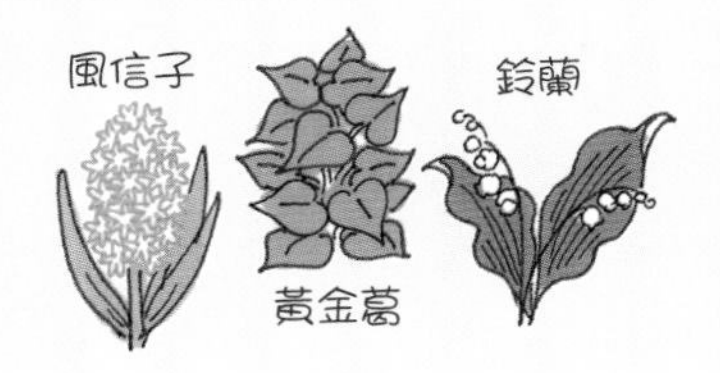

特別是這些食物請不要給予

✕ 白飯、麵包

似乎有很多飼主都認為這些東西並不會有害，但是這些食物的碳水化合物較多，熱量也高，會成為肥胖的原因。另外，由於纖維質較少，會讓腸內的壞菌增加，可能會引起下痢等症狀。

✕ 人類的點心

手工餅乾、小脆餅、冰淇淋、蛋糕等，不僅香香甜甜，口感也很好，兔子都很愛吃。但是，由於糖分和脂肪也多，對身體並不好。洋芋片等零嘴類的脂肪、鹽分也很多，還是不要給予吧！

錯誤的飲食所招來的危險疾病

除了吃進有害的東西之外，給予不適當的食物也會讓兔子變得容易生病。請務必多加注意。

☑ 咬合不正

如果沒有每天充分食用牧草的話，牙齒就會長長而使得咬合狀況不佳，提高咬合不正的可能性。若是兔子不太吃牧草的話，請給牠吃纖維質多的蔬菜等，下點工夫讓牠多使用牙齒吧！

☑ 毛球症

兔子雖然會自行理毛，但吞下去的毛很可能會積存在胃中。如果給予纖維質較少的食物，腸胃的運作就會變差，使得胃中的毛球無法順利排出，引發毛球症。

☑ 尿路結石

大量食用富含鈣質的食物時，很容易產生結石。豆科的牧草・苜蓿草和有添加鈣質的兔用餅乾等，請注意不要給予過多了。

☑ 下痢・便秘

如果光是給予蛋白質或碳水化合物多的食物，腸內細菌叢就會失衡，容易引發便秘或下痢。腸內的有害細菌一旦增加，就會引起慢性的下痢症狀，請注意。

重新檢視飲食

重新檢視適合不同年齡的飲食

和人類一樣，隨著成長和老化，兔子也需要改變飲食內容。為了維持健康，請重新檢視一下吧！

用健康的飲食，以長壽兔為目標吧！

熱量與營養素

視年齡來改變必要營養的質與量

請配合兔子的成長階段來重新檢視飲食內容吧！另外，每隻兔子的成長都有個體差異，請給予適合該隻兔子的飲食及分量吧！

● 所需熱量會有大幅改變

在成長顯著的出生後到6個月為止，幼兔所需的熱量約是成兔的2倍。另外，一旦開始老化，運動量就會減少，所需熱量也會跟著降低。

因此，一旦上了年紀，如果還是跟年輕時候一樣維持相同飲食的話，就很容易發胖。

● 以適當的牧草及飼料為主食

兔子的主食是牧草及飼料，但不同種類的牧草及飼料其營養素與熱量也大不相同，要視年齡來選擇適當的種類。藉由改善飲食生活，也可以減少生病的機會。

兔子的年齡與身體的變化

● 成長期（～出生後6個月左右）

出生後3週左右就會開始斷奶。到6個月大左右為止是身體發育的重要時期，請充分給予良質的飼料吧！

● 青春期（6個月～1歲左右）

出生超過6個月之後，成長就會逐漸緩慢，因此要漸漸減少飼料的量，改為增加牧草的量。

● 青年～中年期（1～5歲左右）

為了維持健康，請遵守正確的飲食習慣。不要餵食高熱量的食物。

● 老年期（5歲以上）

隨著年齡增長，運動量也逐漸減少，變得容易發胖。罹患慢性病的兔子也會越來越多，更要注意飲食控制。

出生後至6個月左右為止

飼料要無限量供應，牧草要提供豆科及稻科2種

幼兔在出生後約3個星期左右就會開始斷奶。在斷奶期間，請給予柔軟的牧草及搗碎成小塊的飼料。之後幼兔就會越吃越多，到出生後約6個星期左右就會完全斷奶了。

● 飼料與牧草要無限量供應

由於是身體逐漸成長的時期，因此飼料與牧草要無限量供應。牧草要混合熱量高、蛋白質豐富的豆科苜蓿草，以及稻科的提摩西草一番割，讓幼兔能吃到飽。雖然也有飼主認為「從小就要讓牠以牧草為主食」，但這個時期如果只供應牧草的話，很可能會造成輕微的營養失調，要注意。

飼料

● BUNNY SELECTION
幼兔健康成長飼料
以熱量高的苜蓿草為主原料，為成長期用的飼料。

出生後6個月至1歲左右

飼料要逐漸減少，改以稻科的牧草為主食

出生後大約到6個月為止，成長就會告一段落。如果給予和幼兔時期相同的飲食，很容易造成肥胖，因此要逐漸減少飼料的分量。大致上是以體重的3～5%的量為基準。不要突然減少，請慢慢地逐漸減少吧！

● 以低蛋白質、低熱量的提摩西草為主

在牧草方面，也要減少豆科的苜蓿草，改以低蛋白質、低熱量的提摩西草為主。

另外，這個時期也是飼主與兔子建立信賴關係的重要時期。不妨將水果與蔬果乾等零食活用於教養上吧！

飼料

● BUNNY SELECTION
處方成兔飼料
這是成兔用的營養均衡的飼料。請從成長期用的飼料逐漸進行替換吧！

1歲至5歲左右

以牧草為主食，飼料要遵守分量

1歲至1歲半左右，就會完全長為成兔的身體。牧草只給予稻科的提摩西草即可。雖然有個體差異，但飼料的量請以體重的3%為基準來進行調整。

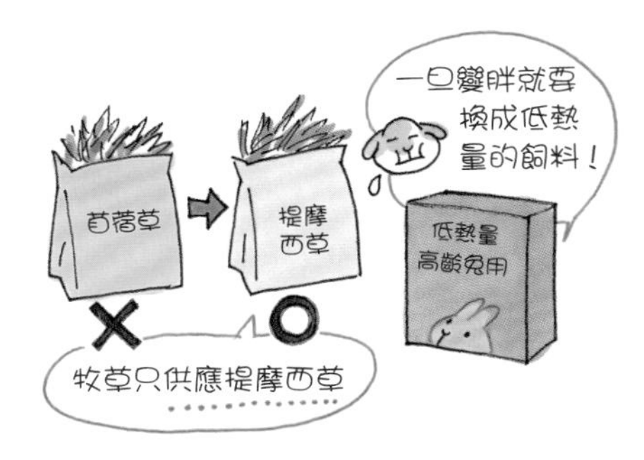

從4歲起就要開始注意鈣質的量

過了4歲，以人類來說就差不多是40歲左右的中年期了。如果食用含鈣量高的飼料，很容易造成結石，引發尿石症，要注意。

另外，如果因為兔子不吃牧草就給牠較多飼料的話，會變得容易發胖。一發現有肥胖的現象，就要更換成低熱量的高齡兔用飼料。

飼料

● OXBOW

BUNNY BASICS T

名稱中的「T」指的就是提摩西草。脂肪分較少，纖維質則非常豐富。建議給開始在意肥胖的兔子食用。

5歲以上

飼料要減少，注意不要變得肥胖

到了5歲左右，兔子就會邁向老年期了。

由於新陳代謝變差，運動量也減少了，因此最好換成低熱量的高齡兔用飼料。但是，如果沒有特殊的健康問題，由於大多數的兔子在味覺上都比較保守，因此就算不勉強更換也沒關係。

也可以加入營養品

為了維持健康，建議使用可以保持年輕的輔酶Q10，以及能提高免疫力的蜂膠和巴西蘑菇等營養品。但是，基本上必要的營養素還是要從飲食中來好好攝取。要選用什麼樣的營養品，不妨和獸醫師討論一下會比較安心。

營養品

添加巴西蘑菇的蜂膠

對高齡兔來說，能夠提高免疫力的巴西蘑菇和蜂膠等營養品，也可以發揮維持健康的效果。

PART 6

和「青春期」的兔子相處的訣竅

自我主張是因為「青春期」到來的關係

和人類一樣，兔子也有「青春期」。這時可能會出現讓人傷腦筋的行為，請冷靜地面對處理吧！

青春期是從小孩變成大人，心理與身體都開始轉變的時期。

青春期的兔子的特徵

出生3～4個月過後，自我主張就會變強

至今為止一直很親人的兔子突然變得不喜歡被人抱，或是突然張口咬了飼主──若是出現了這種行為，就是兔子進入「青春期」的徵兆。

地盤意識開始變強

從逐漸性成熟的出生後3～4個月開始，兔子就會邁入青春期。這個時期的地盤意識會開始變強，變得討厭被人抱或梳毛，三不五時想要跑出籠外的行動也會越來越多。

可以用教養來改善的行為也很多

或許有些飼主會認為「是不是我的教養沒做好的關係……」而感到沮喪，但事實並不是這樣的。請認為「青春期是第二個教養的時期」，不要被兔子的行為要得團團轉，再次確實地進行教養吧！

人類與兔子的年齡對照

兔子	人類	
1個月	2歲	幼兒期
3～4個月	10～15歲	青春期
1歲	20歲	成人

與青春期的兔子接觸的「3項須知」

面對青春期的兔子，最重要的是不要助長牠的「地盤意識」。
此外，營造出可以讓兔子平靜度日的環境也很重要。

1 騎乘行為要立刻制止

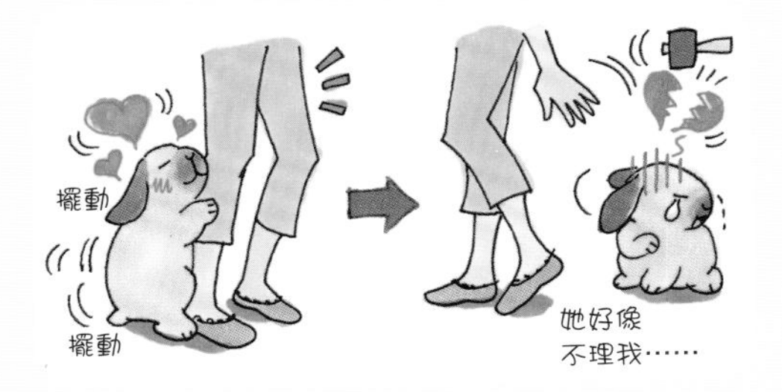

兔子可能會騎到其他兔子身上或飼主腳上，做出像交尾一樣擺動腰部的「騎乘行為」（特別是雄兔）。若是不管牠的話，會讓兔子認為自己處於上位，請加以制止。

2 決定好出籠的規矩

當兔子啃咬籠子發出喀噠喀噠的聲音時，請不要如牠所願地放牠出來玩。有時兔子會不想待在籠中，而在半夜吵鬧著「放我出去！」。請飼主訂出規矩，由飼主進行主導地放牠出籠吧！

3 萬一咬人，就要以毅然決然的態度斥責

青春期的兔子可能會在興奮時咬人。當牠咬人時，就要以「不行！」等簡短的句子來斥責牠。這時，請不要叫牠的名字，否則可能會讓牠誤以為「被叫名字＝被罵」。

雌雄間的不同也要事先了解

雖然雄兔和雌兔都有地盤意識，但卻稍微有點不同。雄兔在意的是「擴張地盤」，因此會出現到處噴尿的「噴尿行為」和「騎乘行為」等。

雌兔則有為了生產和育兒而尋求安全場所的習性，所以在發情期時，可能會變得反抗飼主，甚至是出現攻擊行為。

不過，畢竟有個體差異，有些雄兔不太有搶地盤的行為，有些雌兔也不太會有激烈的舉動出現。

問題行為的解決法

青春期的問題行為要這樣處理

問題行為必定有其原因，請盡可能將其原因去除；萬一還是不行的話，就要與兔子專賣店的店員或獸醫師商量。

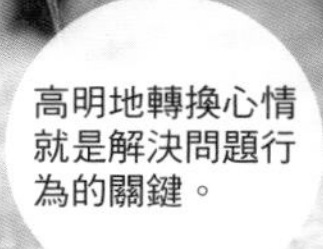

高明地轉換心情就是解決問題行為的關鍵。

以寬容的心情來對待牠

青春期是邁向成兔的進階時期

外表可愛的兔子，往往也給人個性溫和、乖巧穩重的印象。但是，青春期的兔子就跟人類一樣，處於自我開始萌芽的時期。以前乖巧的兔子可能會變得任性，或是出現與以往不同的舉動。

高明地為牠消除壓力

人類也一樣，在迎接性成長的青春期往往會變得心情焦躁、出現攻擊性。在不讓牠搗蛋的同時，也請多下一點工夫，高明地為牠消除壓力吧！

用玩具和遊戲讓牠轉換心情

舉例來說，如果兔子喜歡啃咬，就要給牠啃木；如果牠有騎乘行為，就要給牠球類玩具來讓牠轉換心情。只要這麼做，大多就能將問題行為控制下來了。

傷腦筋時要這樣處理

1 重新檢視飼育環境

放牠出籠遊戲的時間是不是越來越長了呢？要避免助長問題行為，請遵守適切的飼育環境。

2 和獸醫師或兔子專賣店的店員商量

光靠自己無法解決問題時，不妨請教對兔子比較了解的獸醫師或兔子專賣店的店員吧！

3 必要時要進行去勢・避孕手術

由於青春期的問題行為是基於本能的行動，就算硬是阻止也不見得有效。這時，讓牠接受去勢・避孕手術也是一個方法（詳細請參照132～133頁）。

即便是夜晚也吵著「放我出來！」

可以自由玩耍的時間太長的話，就會變得不想待在籠子裡

有很多飼主在外出時會讓兔子待在籠子裡，但一回到家就會馬上將牠放出來，讓牠自由地玩耍。

「要是讓牠一直待在籠子裡，那就太可憐了。」──究其原因，都是出自於飼主對牠的愛。可是，如果不將時間與空間加以區分，讓牠自由自在地度日的話，兔子就會不想回到籠子裡。之後，就算硬是將牠放回籠中，牠也會一直吵著「放我出來！」，不是啃咬籠子，就是用力跺腳發出聲音，開始大吵大鬧。如果變成這樣的話，對兔子和飼主來說都會成為壓力。

只要限制牠在寬廣場所的自由活動，就能安靜地度日

藉由區分「空間」，也可以減少兔子的壓力

兔子會把可以自由玩耍的場所全部視為自己的「地盤」。因此，當牠待在籠中時就會感到不滿，會一直想要到外面來而吵鬧不休。

發生這種情況時，區分「空間」來讓牠玩耍就能有效解決。首先，決定好牠可以出來玩的地方只在一個房間。如果是很容易興奮的兔子，就要用圍欄來區分場所。由於兔子的跳躍力驚人，因此請選擇高度讓牠跳不過（70cm以上）的圍欄。如果是附有頂蓋的圍欄就更讓人安心了。

像這樣來區分玩耍的空間，兔子就不會一直想要擴張地盤，而會乖乖聽話回到籠子裡了。

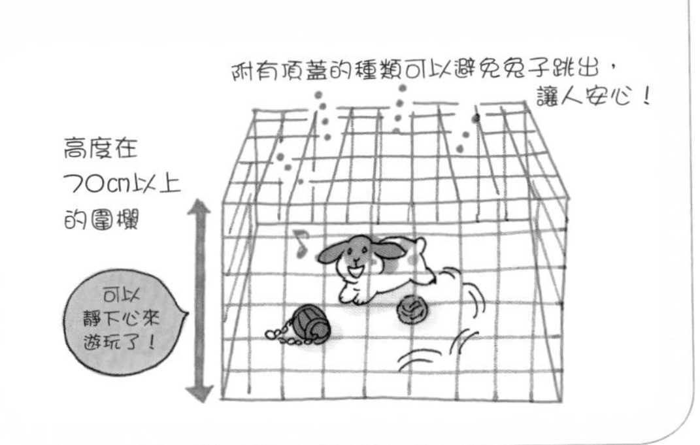

在廁所之外的地方大小便

「噴尿行為」是主張地盤的行為

明明已經有好好進行如廁教養了，但最近卻變得開始到處撒尿；或是放牠出籠玩耍，但牠卻到處上大號……有這種煩惱的飼主似乎也不少。

進入青春期的兔子為了誇耀自己的地盤，會經常出現撒尿的「噴尿行為」。而為了留下自己的氣味，也會出現在各個地方排便的舉動。雖然較常見於雄兔身上，但有時雌兔也會發生。

要這樣 解決！

為了不讓「噴尿行為」變本加厲，要限制時間與空間

整理飼育環境，讓兔子明白自己的地盤

當兔子到處大小便時，不妨決定好放牠出籠的時間，並限制牠可以自由玩耍的時間看看。青春期的兔子會本能地想要擴張地盤。首先，要讓牠明白「只有籠子才是自己的地盤」，不要讓牠毫無限制地擴展行動範圍，就能有效解決。

話雖如此，如果一直待在籠中很容易運動不足。請注意，放牠出來時要以圍欄來限制空間，並且決定好時間才行。

不要留下排泄物的氣味

如果留下排泄物的氣味，兔子八成又會在相同的場所排泄，因此要立刻打掃乾淨。確實地擦乾淨後，再噴上除臭劑等就能安心了。

或許有很多飼主會想要重新再進行教養，但由於這些行為都是出自於本能，因此大多無法立刻獲得改善。只要過了青春期，多半又可以乖乖在便盆排泄了，所以不妨以長遠的眼光來看，不要太鑽牛角尖吧！

噴尿行為要這樣處理

◆大小便後要立刻清掃

為了避免留下氣味，要確實地擦乾淨，噴上除臭劑。

寵物用除臭劑

●使用了柿單寧的除臭噴劑

澀柿汁中所含的多酚類具有分解惡臭來源的作用。具有高度的抗菌、防蟲效果，並且無添加酒精，是低刺激性的商品。

對於頻繁的噴尿行為，施行去勢手術也是一個解決方法

噴尿行為較常見於雄兔身上。由於是本能的行為，想要完全制止，不妨讓牠接受去勢手術（參照132～133頁），好讓雄性荷爾蒙不再分泌。

只不過，即便去勢了，若是已經養成習慣的話，可能還是無法制止。此外，相較於其他手術，去勢手術的安全性雖然較高，但還是有風險。請與獸醫師仔細討論，再來決定要不要施行手術吧！

問題行為 3

變得討厭被人抱和美容作業

為了保護自己的地盤，會變得討厭他人的侵入

突然變得討厭被人抱，或是開始排斥梳毛美容等身體護理，也是常見於青春期兔子的行為。這是因為兔子會開始對進入自己地盤的他人產生警戒，所以才會出現這樣的行為。

青春期兔子的特徵是，在想要擴張地盤的同時，保護地盤的意識也會變得強烈。或許飼主會覺得受到打擊，但兔子並不是突然變得討厭飼主，因此不需要擔心。

通常會不喜歡有人將手伸進籠子裡

要抱牠或是進行美容作業時，你是否會待在籠子附近，或是在牠玩耍的圍欄內進行呢？

對兔子來說，籠子和圍欄裡的空間都是「自己的地盤」。如果飼主突然將手伸進去想要抱牠的話，青春期的兔子就會認為：「有入侵者闖進自己的地盤了！我要保護地盤才行！」這時，就算勉強抱牠出來了，也只會讓牠心生厭惡而已。

要這樣 **解決！**

在「地盤之外」的地方進行，有時就可讓兔子乖乖聽話

在地點及做法上下點工夫，讓兔子明白

有些人認為，如果兔子討厭被人抱還硬是要抱牠的話，那就太可憐了。但對於這種情況，只要下點工夫往往就能順利進行。

例如抱抱，剛放兔子從籠裡出來後，不妨先觀察一下牠的興奮狀態，等牠稍微平靜一點後再來試試看。利用兔子喜歡的零食，如果牠能乖乖聽話就給牠獎賞，效果也不錯。另外，在遠離籠子或圍欄的「地盤之外的地方」進行美容作業，兔子大多也會乖乖讓人進行。

請先理解兔子的心情，再將該做的事情養成定期進行的習慣吧！

當兔子討厭美容作業時就要這樣處理

◆以「美容作業用服裝」讓兔子記住

先決定好圍裙之類「美容作業用的服裝」，讓兔子記住當飼主穿成這樣時就是要進行美容了，這個方法也不錯。最好能從小就養成習慣吧！

◆在矮桌上等進行也頗有效

在日常生活的房間之外進行，兔子就會認為「這裡不是我的地盤」而變得乖巧聽話。另外，在矮桌上等處進行，效果會更好。市面上有販售美容用的桌台，使用這類物品來進行也很不錯。

以毅然決然的態度，養成「進行該做的事」的習慣

兔子具有將行動習慣化的特性。以前明明做得到，可是一旦讓牠產生「原來只要反抗就可以不用美容」的想法，之後就不肯乖乖配合了——這樣的兔子並不少見。

抱抱和美容都是養兔子時必不可少的。即使兔子不願意，也要以毅然決然的態度表示「該做的事就一定要做」，這點也是非常重要的。

原本很溫和，但卻突然變得會咬人

一到了青春期，會咬人的兔子就變多了

纏著飼主的腳或是衣服，張口就咬——這種行為經常可在發情期時見到。但即便是在發情期之外，有時也會出現咬人的行為。

這是在覺得害怕，或是受到驚嚇而心情激動時常見的行為，但有時也可能毫無理由就咬人。

或許有很多飼主會大受打擊：「牠以前明明不會這樣的……」但這時首先要做的，就是仔細觀察兔子是在什麼樣的情況下張口咬人的。

隨意讓牠自由玩耍，會讓兔子變得過於興奮

觀察兔子咬人的情況可以發現，最常發生的時機是在放兔子出籠自由玩耍的時候。

青春期兔子的地盤意識非常旺盛。放牠來到寬廣的場所，等於是讓牠擴張自己的地盤。這時，萬一飼主突然接近，兔子可能就會展開攻擊。因此，隨便讓牠出來自由玩耍，會讓兔子變得過於興奮，而容易張口咬人。

要這樣 **解決！**

整理出不會讓牠啃咬的環境，加上耐心地教養，以減少牠咬人的習慣

仔細觀察牠的行動，整理出不會讓牠啃咬的環境

當兔子變得會咬人時，就要跟制止噴尿行為時一樣，整理好環境，不要讓牠隨意擴張自己的地盤。請在圍欄裡的有限空間內，決定好時間，由飼主來控制兔子的行動吧！此外，也要教導牠咬人是一件不好的事。當場以簡短的語句斥責牠：「不行！」也很有效。

但是，兔子本能上就有啃咬東西的習性。請不要光是一味地禁止牠咬東西，而是要另外給牠啃木或是用牧草做成的圓球等「可以咬的玩具」，好讓牠可以發洩壓力吧！

可以咬著玩的玩具

給予牧草球或啃木等，可以滿足兔子「想咬東西」的本能。

抱牠時萬一被咬的話，就要確實地教養

◆萬一兔子咬人的話，就要清楚明確地教導牠「不行」

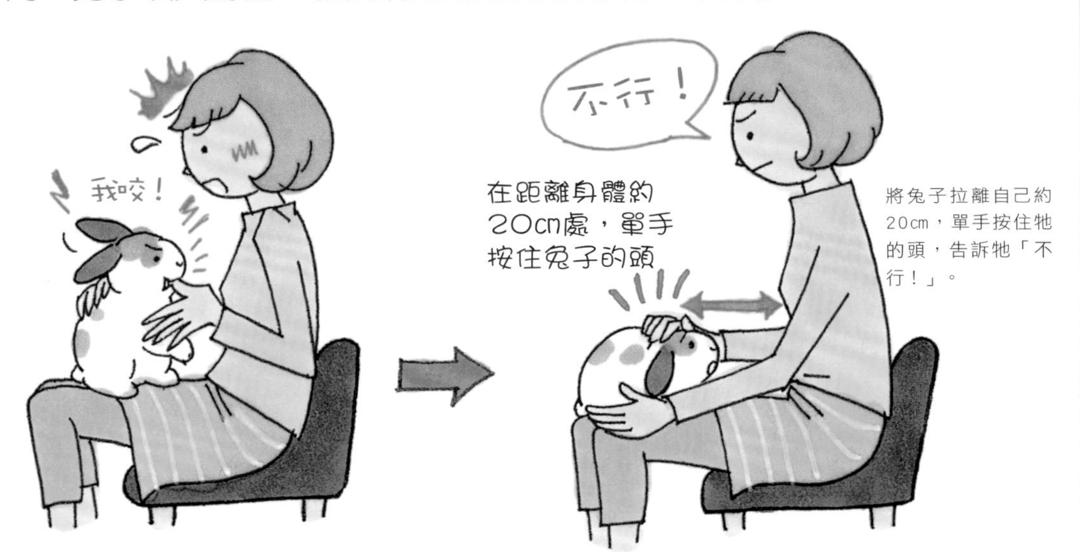

將兔子拉離自己約20cm，單手按住牠的頭，告訴牠「不行！」。

如果被咬也不斥責的話，會讓牠養成咬人的習慣，要注意

不只是在自由玩耍時，有時在抱牠的時候也可能會被咬。如果被咬了也不糾正牠的話，兔子就會認為「咬人也沒關係」，萬一養成咬人的壞習慣就很難矯正了。另外，也可能會讓牠誤以為「自己的地位比人類還要高」。

正如上面所陳述的，請以毅然決然的態度清楚地告訴牠「不可以咬人！」。

兔子的牙齒非常堅固，要是被用力一咬可是會非常疼痛的，有時甚至會出血。萬一傷口腫起來的話，請到醫院接受診察。

被兔子咬到可能會感染某些疾病，要注意

被兔子咬到不但會受傷，還可能會感染疾病。特別是巴斯德桿菌症，不僅是被咬到時，就連用嘴巴餵食、親吻兔子都可能會傳染，要注意。

老是做出像在交尾般的「騎乘行為」

除了性衝動和表示地盤的行為之外，無聊時也會這樣做

抱住飼主的腳，像是交尾般地擺動腰部的「騎乘行為」是常見於青春期雄兔的舉動，但有時雌兔也會出現這種舉動。

或許有些飼主會覺得「又不是什麼壞事，應該沒關係吧！」，但是放任這種行為並不好。

騎乘行為不僅是性衝動和表示地盤的行為，也可能是為了要打發時間。飼主一旦有所反應，兔子不但會要求「多陪陪我！」，還可能會因為覺得好玩而讓行為變本加厲。

要這樣 **解決！**

不要理牠，或是用其他的遊戲讓牠轉移注意力

就算一直糾纏不休，只要不理牠就行了

要讓兔子停止騎乘行為，有個有效的方法就是不理牠，讓牠明白「就算你做這種事，我也不會理你的」。

當兔子過來做出騎乘行為時，就要閃開腳，若無其事地走開。只要重複幾次，兔子就會覺得一點也不好玩而不再糾纏不休了。

如果放任兔子的騎乘行為，就會讓兔子覺得自己的地位比較高，而變得越來越不聽話。

用牧草球或啃木等玩具讓牠轉換心情

如果飼主不理兔子的話，兔子也會覺得無聊，而將興趣轉到其他的遊戲上。這時請給牠牧草球或啃木等，好讓牠可以打發無聊的時間吧！

另外，在籠內放入布偶等，允許牠對布偶騎乘也是一個方法。

若是騎乘行為太過嚴重而無法制止時，不妨考慮接受去勢・避孕手術（請參照132～133頁）。

明明沒有懷孕，卻開始築巢了

大多會將胸口等處的毛拔掉，以準備生產

有些青春期的雌兔明明沒有懷孕，但卻會出現懷孕雌兔才有的舉動，這就稱之為「假懷孕」。

當雌兔明明沒有為了繁殖而交尾，卻開始拔掉自己胸口的毛、努力地在籠中開始築巢時，就有假懷孕的可能。

原因可能是與沒有生殖能力的雄兔交尾、附近有雄兔而過於興奮，導致誘發排卵所引起的。此外，當雌兔彼此做出騎乘行為時，也可能會出現假懷孕。

要這樣 解決！

因為有「假懷孕」的可能，必要的話請與獸醫師討論

可能會變得神經質，甚至會攻擊飼主

假懷孕的雌兔會變得神經質，對自己籠內物品的執著心也會變強。可能會對飼主產生攻擊性，或是發出「噗ー噗ー」的叫聲來自我主張；會變得討厭被人抱或是梳毛美容，也會不想讓人隨便摸牠。

一般來說，假懷孕的現象只要15～20天就會消失，因此請在旁邊觀察一下情況。只不過，如果將雌兔為了築巢而拔下的毛放著不管的話，可能會誤吞下去而引發毛球症（請參照141頁）。這時請立刻把兔子放出來，將籠內收拾乾淨吧！

萬一乳腺腫大，就要請獸醫師診察

假懷孕結束後，築巢的準備和不喜歡被人摸的行為也會跟著消失。但是，若是重複發生假懷孕的話，母乳會累積而使得乳房腫脹，可能會引發乳腺炎。若是發生這種情況，請帶去給獸醫師診察。

要預防假懷孕，最重要的是不要讓雌兔隨便靠近雄兔。另外，只要實施避孕手術（請參照132～133頁），就不會發生假懷孕了。有必要的話，不妨考慮接受手術。

視情況進行 去勢・避孕手術

問題行為沒有改善時，進行去勢・避孕手術也是一個解決辦法。請與獸醫師討論，來決定要如何處理吧！

進行去勢・避孕手術也是解決問題的方法之一。

找出最適合的時期和身體狀況

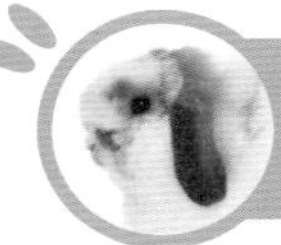

出生後4個月左右就可考慮要不要進行手術

兔子的是繁殖力非常驚人的動物。性成熟也很早，雌兔約在出生後3個月、雄兔約在出生後5個月左右就具備生殖能力了。

用去勢・避孕手術來改善問題行為

兔子的發情週期很短，性衝動也很強，因此基於保護地盤而產生的噴尿等問題行為會在青春期時頻繁地出現。要改善這樣的行為，進行去勢・避孕手術頗為有效。

手術要在最佳時期進行

去勢・避孕手術在出生後4個月就能進行。特別是才3～4個月大就已經出現攻擊行為的雄兔，建議要儘早接受手術。不過，在此之前請先找出兔子身體狀況良好及氣候舒適的時期，選在最佳時期來進行。即使是健康的兔子，在潮濕的梅雨季和炎熱的夏天也很容易體況不佳，這時候就不適合動手術了。

接受手術前要先確認的事項

1 年齡適合手術嗎？

手術在出生後4個月左右就可以進行。雌兔在脂肪較少的滿1歲之前進行，手術過程會比較順利。

2 體力是否足夠？

即使是年輕的兔子，如果有宿疾或是體力衰退的話，就不適合動手術。

3 有沒有懷孕、生產的計畫？

將來是否有計畫要繁殖等，請仔細考慮過後再決定。

去勢・避孕手術的優點和缺點

手術各有優缺點。請詳加理解後，
再來檢討是否要進行手術吧！

優點

- 不會再有噴尿行為（特別是雄兔）
- 不會再有騎乘行為（特別是雄兔）
- 啃咬的次數會減緩
- 個性變得穩重，容易飼養
- 不會罹患生殖器官的疾病

缺點

- 由於失去生殖機能，無法進行繁殖
- 因為需要全身麻醉，會消耗體力
- 雌兔需要進行開腹手術，
  對身體造成的負擔會比雄兔更大
- 手術後會對異性漠不關心，容易胃口大開而變得肥胖

手術前後的注意事項

不要感情用事，要檢討手術的優缺點

或許有些飼主比較重感情，認為「又沒有生病，幹嘛動手術？」、「要拿掉生殖系統，這樣牠太可憐了～」。但去勢・避孕手術是有很多優點的。當然它也同時有缺點存在，不妨仔細比較過後，再來檢討是否要接受手術吧！

也可以預防生殖器官的疾病

一旦接受了去勢・避孕手術，不論性別為何，個性都會變得穩重，飼主飼養起來也會比較容易。此外，也不用擔心罹患高齡兔常見的生殖器官疾病。

有時不見得能完全消除問題行為

雖然在接受去勢・避孕手術之後，大多數的兔子都會變得乖巧穩重，但並不表示可以讓所有兔子的問題行為都消失。因為有個體差異的關係，有時即便接受手術了，和過去也沒有多大改變。

不妨向獸醫師以及曾經讓自家兔子接受去勢・避孕手術的飼主們請教一下，自己充分理解並下定決心後，再來接受手術吧！

RABBIT COLUMN

當搬家等環境出現改變的時候……

兔子對於環境的變化很敏感，要仔細照顧以免讓牠不安

飼主因為搬家而住進新家後，兔子卻坐立難安地無法適應——像這樣的煩惱經常可以聽見。對於環境的變化非常敏感的兔子，通常需要一段時間才能適應新家。

要設置籠子時，請儘量讓兔子在新家裡的生活環境不要與之前的情況相差太多。如果覺得兔子好像很不安，就將籠子設置在牠可以經常看見飼主的地方等，多下一點工夫，好讓牠能靜下心來吧！

在籠中放入沾有牠自己氣味的物品也是很重要的。

一點一點地讓兔子習慣新家的氣味和氣氛是非常重要的。

多了新的家人、有新寵物來到時更要注意

當飼主結婚或是生產而多了新的家人時，兔子可能會變得不安。即便對方只是小嬰兒，兔子也會吃醋。請多花一點時間，讓牠慢慢習慣新家人的存在吧！並且要讓牠明白，就算只是小朋友，人類的地位還是比兔子要高。

另外，若是家中有新來的貓狗等寵物時，請為兔子確保牠的地盤。不妨將生活空間區隔開來，讓牠們彼此都不會累積壓力地生活吧！

請不要忘記，對兔子而言，貓狗是體型比自己還大、非常恐怖的存在。在餵食時，請以先來的兔子為優先，以免讓牠心生嫉妒——這種心理上的照顧也是不可或缺的喔！

PART

7

兔子的健康管理和疾病預防

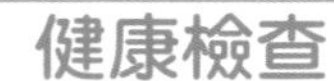

健康檢查

以肌膚接觸來進行健康檢查

要讓心愛的兔子長壽有活力，健康檢查是不可或缺的。請在進行身體護理的同時也順便加以檢查吧！

每天仔細地觀察、接觸，讓兔子常保健康吧！

檢查的重點

用眼睛看、用手觸摸，並觀察行為來確認其健康狀態

兔子是會隱瞞生病的動物。就算身體不適，牠也無法自己告訴飼主；等到發現不對勁時，可能都為時已晚了。請飼主要每天觀察，檢查看看牠是否有異於往常的模樣吧！

首先要觀察兔子的行為

兔子身體不適時，在各方面就會出現變化。不像平常一樣會吃飼料、飲水量變少、糞便的量和顆粒大小與以往不同、尿液的顏色不一樣等等。萬一出現這種情況時，或許就是兔子身體出現了異狀的徵兆。

實際觸摸就能知道的事情也很多

高齡的兔子很容易罹患癌症等疾病。在為牠梳毛、剪趾甲、放牠出籠遊戲時，請順便撫摸一下兔子全身，檢查看看有沒有硬塊之類的吧！

除了觸摸身體，也要檢查這些地方

1 體重的急遽增減

急遽的體重增減是體況不佳的信號。請每週測量一次體重吧！

2 食慾、飲水量的變化

突然沒有食慾，或是變得大量飲水等也是體況有異狀的信號。

3 尿液和糞便的變化

如果糞便出現下痢或是顆粒比平常更小、尿液出現混雜血液的情況時，或許就是身體有哪裡不對勁的信號。另外，當糞便或尿液的顏色、氣味、糞便形狀等與往常不同時，也有罹患疾病的可能性。

接觸兔子時，最好也順便檢查的身體各部位

1 眼睛 有沒有眼屎或淚流不止？

眼睛出現淚流不止、腫脹、眼屎很多的情況時，可能是罹患了眼睛的疾病。

2 耳朵 有沒有發癢或異臭？

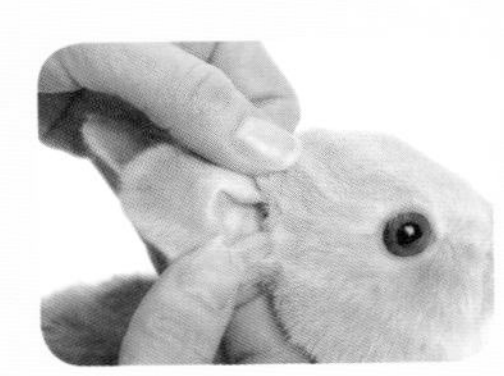

拉開耳朵，仔細檢查耳內，看看有沒有髒污或出現異臭？

3 鼻子 是否有被鼻水等弄髒？

確認看看是否有打噴嚏、鼻水弄髒四周等情況。

4 口腔 有沒有流口水或是牙齒生長過長？

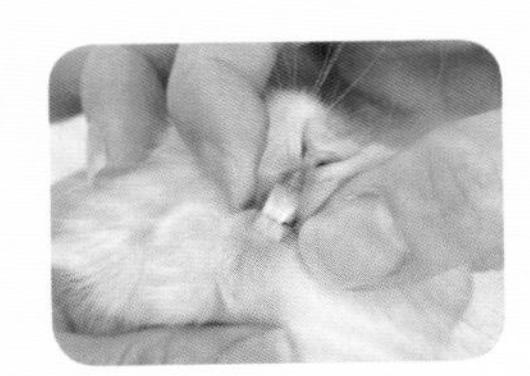

覺得牠好像吃東西不方便、口水很多時，就有咬合不正的可能。啃咬籠子的習慣也可能會引發咬合不正。

5 皮膚 是否粗糙乾燥或有皮屑出現？

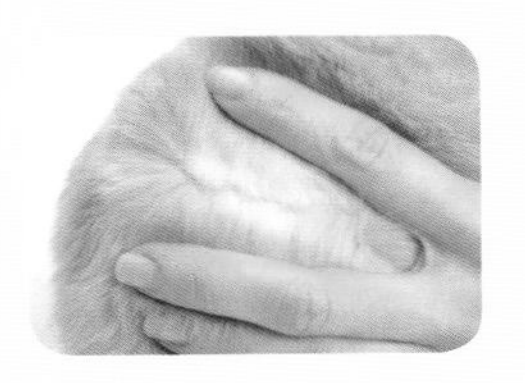

只要對著身體吹氣，就能清楚看見被被毛覆蓋的部分了。當掉毛變多，或是有脫毛現象時，就可能是罹患了皮膚病。

6 腹部、臀部

檢查看看有無硬塊、臀部是否髒污？

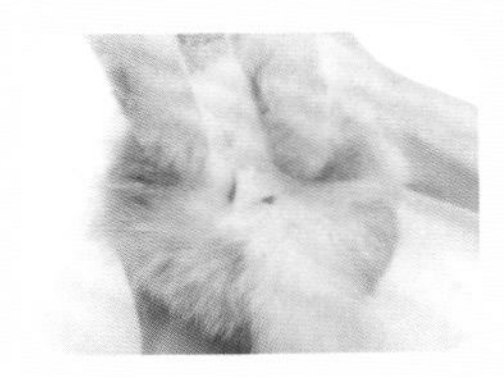

用手摸腹部，確認是否有腫脹或硬塊。摸到硬塊時，就可能是長了腫瘤或膿包。而臀部周圍的毛若是髒污時，代表可能下痢了。

7 腳 腳底的毛是否有變禿而露出皮膚？

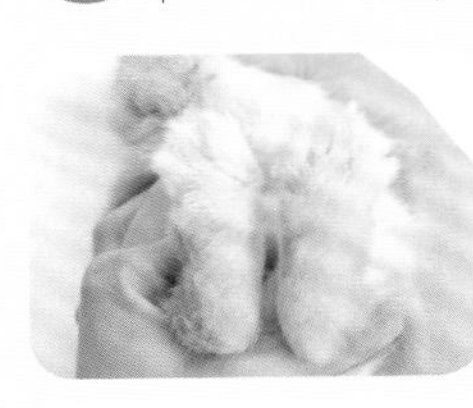

罹患潰瘍性足部皮膚炎（飛節痛）時，被毛可能會變禿。前腳、後腳都要檢查。如果覺得牠走路方式怪怪的、腳好像不太方便活動時，也可能是受傷了。

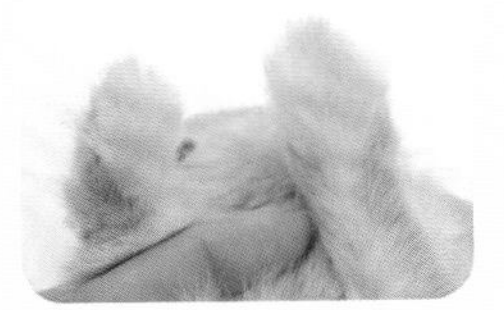

尋找可以洽談的主治醫師

不要等生病或受傷了才急著找醫師，一開始飼養兔子，就先找好可以信賴的主治醫師吧！

平常就要做好健康記錄

活用在萬一時候可以派上用場的健康檢查表

熟悉兔子疾病的獸醫師並沒有像熟悉貓狗疾病的獸醫師那麼多。不妨在網路上搜尋一下，或是調查一下飼主間的口碑情報等，來尋找兔子的主治醫師吧！

以健康檢查讓兔子習慣上醫院

等到身體狀況欠佳才想帶兔子上醫院的話，很可能會搞得手忙腳亂。請事先決定好時間，例如半年一次等等，帶兔子上動物醫院做健康檢查，讓牠先習慣醫院就會比較安心。

以固定的表格來做健康記錄

當身體狀況變差時，能不能正確地告知獸醫師牠平常的模樣、從何時開始變得不對勁等等，就會成為重要的關鍵。請將右頁的健康檢查表影印下來，定期記錄兔子的狀況吧！再附上用相機拍下的照片，就能更加清楚牠的健康狀態了。

尋找主治醫師的重點

1 對兔子的疾病很了解

兔子有些特有的疾病，因此請盡可能尋找對此比較專門的獸醫師。

2 最好離家近一點

體況不佳的兔子如果還要長時間舟車勞頓的話，對身體的負擔也會變大。因此請盡可能挑選離家較近的動物醫院。

3 平常就可以請教問題

不僅是在生病或受傷時，如果是連飼育上的不安或煩惱都能給予建議的獸醫師，就更能放心了。

今天
的狀態

兔子的健康檢查表

● 年 月 日 星期	●天氣 氣溫(℃) 濕度(%)
●體重	(　　　　) g　增加・減少・沒有變化
●飲食內容	牧草 (　　　) g　飼料 (　　　) g 副食 (　　　　　　)
●食慾	旺盛・普通・不太好・完全沒有 在意事項 (　　　　　　)
●行動	活潑好動・溫和穩重・騷動不安 在意事項 (　　　　　　)
●心情	很好・普通・不好 在意事項 (　　　　　　)
●飲水	有喝・不太喝・完全不喝 在意事項 (　　　　　　)
●尿液	多・普通・少 顏色或氣味的在意事項 (　　　　　　)
●糞便	多・普通・少 顏色或形狀、氣味的在意事項 (　　　　　　)
●身體的檢查	□眼睛 (　　　)　□耳朵 (　　　) □鼻子 (　　　)　□口腔 (　　　) □皮膚 (　　　)　□腹部 (　　　) □臀部 (　　　)　□腳 (　　　)

●其他的在意事項

兔子常見的疾病預防法與治療法

出現與平常不同的症狀時，或許是生病了也不一定。一有異狀，就要帶去動物醫院接受診察。

日常的飲食與護理就是預防疾病的最佳方法

兔子的壽命一般說來有6～7歲，但最近長壽的兔子也越來越多了。其中一個很重要的原因，或許也可以說是因為正確的飼育方法越來越普及的關係。

● 飲食、運動、身體護理是很重要的

只要確實地做好均衡的飲食、適度的運動和每天的身體護理，就不容易生病。梳毛和剪趾甲等也要慢慢練習，逐漸地熟練吧！

● 也有個體差異，無須太過神經質

即使飼養方法都一樣，還是有些兔子會容易生病，有些兔子則活蹦亂跳。由於有個體差異，因此就算兔子生病了，飼主也不需要太過自責。此外，有些身體特徵也和疾病有所關連，像是「長毛種容易罹患毛球症」等。

兔子常見的疾病

毛球症 ➡ 141頁

長毛種的兔子很容易罹患。在預防上，每天梳毛是不可或缺的。

潰瘍性足部皮膚炎 ➡ 142頁

由於兔子的腳底沒有肉墊，很容易受到撞擊而引起皮膚炎。適當的地板材可加以預防。

濕性皮膚炎 ➡ 143頁

兔子的皮膚非常脆弱。經常潮濕的部位特別容易罹患皮膚炎，要注意。

咬合不正 ➡ 144頁

兔子的牙齒會不斷生長，如果只給牠吃柔軟的食物，牙齒的生長狀況就會出現異常。

子宮的疾病 ➡ 146頁

沒有做避孕手術的雌兔很容易罹患子宮內膜炎或子宮癌等疾病。

消化器官的疾病

吃了腐壞的食物、承受壓力時，就會容易罹患腸胃的疾病。特別是食慾極端地減少、出現下痢時更是要注意。如果是幼兔的話，一直下痢會消耗體力，要儘早接受診察。

毛球症

原因與症狀

兔子會自行理毛，但這時可能會將被毛不小心吞下去。由於牠們無法將吞下去的東西吐出來，所以被毛會累積在胃中，因而引起毛球症。

當兔子出現沒有食慾、排便量減少等症狀時就要注意。最終會變得只能喝水，不斷消瘦下去而越來越衰弱。

治療與預防

醫院會處方可以鬆開毛球、促進消化器官活動的藥物。萬一情況嚴重，可能需要開刀治療。飼養時，經常梳毛是不可或缺的。特別是長毛種的兔子很容易起毛球，要注意。另外，平常就要留心給予牧草等纖維質較多的飲食。纖維質具有促進胃部排出毛球的作用。給予木瓜酵素或鳳梨酵素的營養品也很有效。

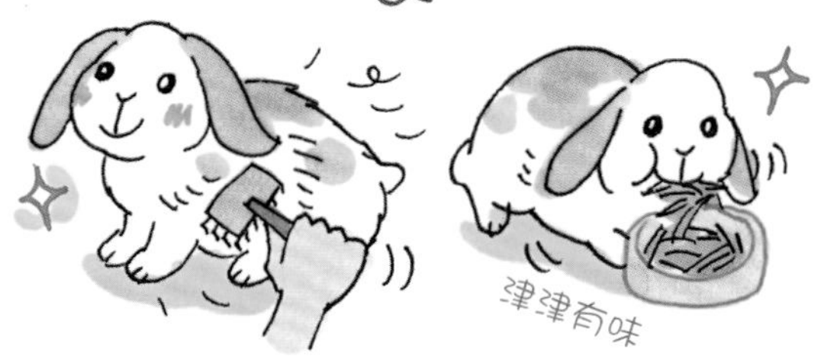

食滯・鼓腸症

原因與症狀

原因是吃太飽、吃了腐敗的食物、突然變更飼料、澱粉質攝取過剩等。這時兔子的食慾會減退，可能會出現像蹲坐般的舉動。之後食物和氣體會累積於胃腸中，使得腹部開始鼓脹。糞便的顆粒會變小，排便也可能會出現困難。

治療與預防

醫院會處方可以促進腸胃運作的藥物來緩和症狀。為了加以預防，平日就要多給予牧草等纖維質多的食物，好讓兔子能夠順利消化。

球蟲症

原因與症狀

這是感染了名為球蟲的寄生蟲而引發的疾病。分為寄生於肝臟以及寄生於腸子上的2種類型。幼兔一旦感染會變得衰弱、發育不良，甚至會導致死亡。若是出現嚴重下痢的話就要注意。

治療與預防

健康的兔子也經常會感染球蟲。由於只要有體力通常就不會發病，因此為了增強體力，在飼料和運動上要多加注意。在醫院會以藥物進行治療。

皮膚的疾病

兔子的皮膚很不耐高溫，表皮又很薄，因此很容易罹患皮膚炎。平常仔細地進行梳毛，在皮膚病的預防上效果絕佳。另外，如果身上弄髒了就要幫牠擦乾淨。特別是梅雨季到夏天的這段期間，請確實地進行溫度管理。

潰瘍性足部皮膚炎（飛節痛）

原因與症狀

兔子的腳底不像貓狗般具有肉墊，而是密生著比體毛還略硬一點的毛氈狀被毛，所以踩踏地板的衝擊力很容易傳到腳底，因此很容易罹患潰瘍性足部皮膚炎（飛節痛）。體重過重、趾甲過長、老化等也可能會引發此病。

剛開始只是在腳底出現脫毛或發疹的程度，一旦症狀加遽，傷口就會感染細菌而引起發炎，開始潰爛。由於膿液累積、引發疼痛，會讓兔子變得坐立難安，最後會拖著腳走路。

治療與預防

在醫院會為患部進行消毒、清除膿液、投與抗生素來進行治療。在預防上，一定要使用對腳底溫和的地板材。建議使用金屬網或塑膠腳踏墊。為了保持清潔，請務必要確實清掃。一旦肥胖就會對腳底造成負擔，容易引發潰瘍性足部皮膚炎，因此請注意不要讓兔子太過肥胖了。

要鋪上金屬網或塑膠的腳踏墊喔！

黴菌感染

原因與症狀

皮膚萬一感染黴菌（真菌），就會引起皮膚炎，稱為皮癬症。會在頭部、耳朵、背上、四肢等出現脫毛，使得皮膚粗糙乾燥，容易出現皮屑、搔癢。一旦惡化，症狀就會擴展至全身。

治療與預防

在醫院會投與抗真菌劑，或是塗抹於患部來進行治療。由於感染黴菌的最大原因在於不衛生的飼育環境，因此籠子務必要勤加清掃。就算感染了，只要健康狀態良好就不會出現症狀，所以注意飲食和飼育環境也很重要。另外，由於也會傳染給人類，在和兔子遊戲過後，請務必養成洗手的習慣。

耳疥蟲

原因與症狀

蟎蟲會寄生於兔子身上，其中耳疥蟲會寄生於耳朵。一旦感染，兔子就會因為搔癢而甩耳朵，或是劇烈地一直抓癢。剛開始時只是出現瘡痂，隨著病情進展，瘡痂會越來越大，兔子的耳朵也會下垂。置之不理的話會引起外耳炎，散發惡臭；要是再更嚴重的話，而會引發內耳炎，成為歪頭症（147頁）的原因。

治療與預防

以塗藥或注射的方式來殺死耳疥蟲，同時進行外耳炎的治療。在預防上，籠子保持清潔是不可或缺的。有時母兔也會傳染給幼兔，因此在購買兔子時，最好能先帶牠到動物醫院檢查一下有無被感染。

濕性皮膚炎

原因與症狀

這是會發生在下巴下方、喉嚨、肉垂（喉嚨下方鬆弛的肉塊）、背部皺紋、生殖器等容易潮濕的地方的皮膚炎。發病時會脫毛或發紅；嚴重時會開始潰爛，出現潰瘍。這是由於容易潮濕的部位感染了葡萄球菌或綠膿菌所引起的皮膚炎。當因為咬合不正而流口水、身上被水弄濕、地板材潮濕時，就很容易發生此病。

治療與預防

將發生皮膚炎的部位洗淨、消毒、乾燥後，塗抹抗生素；同時進行咬合不正等引起皮膚潮濕的疾病之治療。在預防上，籠子要保持清潔，放置於通風良好的地方以免累積濕氣。

此外，要以飲水瓶來裝水，以免兔子的身體被水弄濕了。

飲用水要裝在不會
弄溼身體的瓶狀容器中！

兔子的「內臟與骨骼的特徵」

草食動物的兔子有很大的盲腸

在兔子的內臟中，最大的特徵就是盲腸大約是胃的10倍大。為什麼會這麼大呢？因為植物的食物纖維需要在盲腸中被細菌分解，而成為營養的關係。

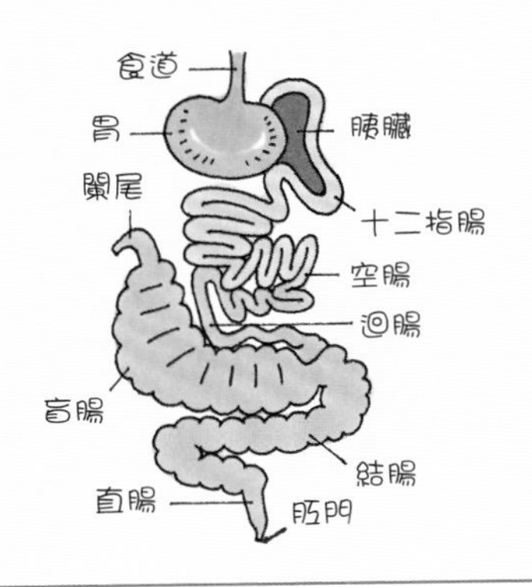

骨骼脆弱而容易折斷，要注意

兔子的骨骼很脆弱，很容易就骨折。貓的骨骼重量約佔了體重的13%，但兔子則只佔了8%左右。此外，胸椎較小，而腰椎則較大。

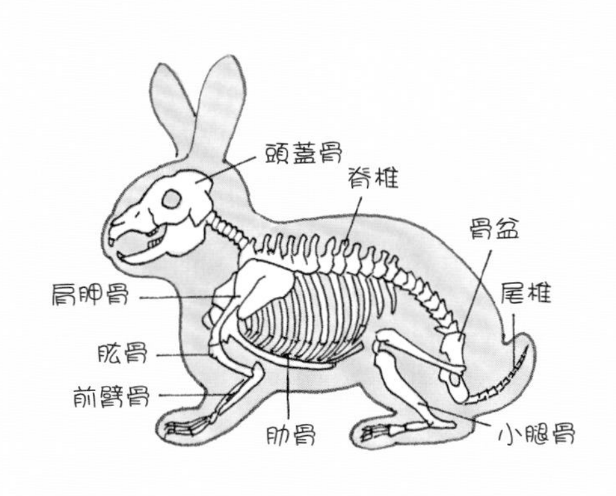

口腔的疾病

兔子的牙齒會一生持續生長。通常是靠上下排的牙齒互相咬合摩擦就能維持適當的長度，但是如果有啃咬籠子的習慣，或是光吃柔軟的食物而沒有使用牙齒時，可能就會無法正常地咬合。

咬合不正

● 原因與症狀

會變得無法順利吃東西，開始流口水；也可能會有激烈的磨牙或是出現口臭。原因為不吃牧草而造成臼齒生長過度、啃咬籠子、牙齒斷裂、細菌感染使得上下排牙齒的咬合變差等。也可能是先天性的牙齒異常所造成的。

● 治療與預防

可定期前往醫院將生長過度的牙齒磨掉，調整為正常的長度和角度。在預防上，給予有咬勁的牧草及纖維質含量多的蔬菜也很有效。另外，平常就要檢查牙齒，一發現有異狀就要帶往醫院接受診察。

眼睛的疾病

籠內的環境如果不衛生，就會繁殖各種細菌而容易感染眼睛的疾病。尿液中的氨及牧草的塵屑等也會刺激眼睛。請定期清掃，以維持清潔的居住空間。當眼屎或淚水變多時，請帶往動物醫院接受診察。

結膜炎

● 原因與症狀

會出現眼屎和淚水、眼瞼腫脹、眼瞼內側充血、眼周發癢等症狀。當細微的牧草粉屑跑進眼裡，或是感染細菌時也會發生。

● 治療與預防

使用眼藥水或是軟膏來治療。在預防上，要先將牧草的細屑拍掉後再給予，並且經常清掃籠子，保持清潔。

由於兔子一覺得眼睛癢就會用前腳搔抓，讓症狀更加惡化，因此一發現異常就要立刻帶往醫院接受診察。

檢查眼睛的狀態，一有異常就要接受診察。

呼吸器官的疾病

呼吸器官的疾病是由細菌感染所引起的。偶爾會有多種的病原體複合感染，讓症狀變得更加複雜。當兔子打噴嚏或流鼻水時，請不要輕率地認為「應該是感冒吧！」，而是要接受獸醫師的診察。

鼻炎

原因與症狀

剛開始會出現打噴嚏或流鼻水等感冒初期的症狀，但是隨著病情的進展，會漸漸變成黏稠的濃鼻涕，呼吸時也會出現咻一咻一、呼嚕呼嚕等的異常聲音。當感染巴斯德桿菌、金黃色葡萄球菌等細菌時就會發生。

治療與預防

置之不理的話會讓病情加重，消耗體力，因此一發現異常，就要立刻帶往醫院診察。治療時會投與抗生素。飼養多隻時，要將病兔進行隔離。

肺炎

原因與症狀

這是由各種細菌所引起的急性感染症。也可能是由於癌症或心臟病等其他疾病惡化而引發的。主要症狀為發燒、食慾差、呼吸困難等。也有突然死亡後才知道已經感染的例子。

治療與預防

一旦病情惡化就難以治療了，所以當兔子出現發燒、沒有食慾的情況時，請立刻帶往動物醫院。會以注射抗生素的方式來進行治療。

在預防上，要確實地進行溫濕度的管理及室內的換氣等。不讓兔子感受到壓力地生活也是很重要的。

巴斯德桿菌症

原因與症狀

這是感染了巴斯德桿菌所引發的疾病。有些兔子即使感染了也不會出現症狀，但當因為壓力等原因而使得免疫力降低時就會發病。主要症狀有鼻炎（流鼻水、打噴嚏、咳嗽）、肺炎、皮膚炎、結膜炎、歪頭等。會藉由接觸染病的兔子、咳嗽或打噴嚏的飛沫而感染。

治療與預防

治療時會使用抗生素。但是，由於一旦染病就很難完全治癒，因此最好是要徹底地預防。要避免氣溫及濕度等的急遽變化，常保籠內環境的清潔。飼養多隻時，要將感染的病兔立即隔離。

泌尿器官・生殖器官的疾病

當尿液的顏色和量出現變化時，或許就是感染了泌尿器官的疾病。平常就要經常檢查。另外，沒做避孕手術的雌兔隨著年齡增長，罹患子宮疾病的機率也會確實提高。如果沒有繁殖計畫的話，最好接受避孕手術會比較安心。

尿石症

原因與症狀

成兔的尿液有黃色、橘色、紅褐色等各種顏色。但如果出現血尿、奇怪的味道、排尿的次數變多、好像上不太出來時，就有可能是生病了。

尿路（腎臟、輸尿管、膀胱、尿道）一旦出現結石，就會出現不易排尿、血尿、食慾不振等症狀。情況嚴重時，會因為疼痛而將身體縮成一小團。水分不足和鈣質攝取過多都是造成結石的原因。

治療與預防

如果結石不大，可以採用內科治療；但如果較大時，就必須要進行手術。在預防上，為了避免水分攝取不足，要放置大量新鮮的水以便兔子隨時飲用。另外，豆科的牧草含鈣量較多，請改以稻科的提摩西草等為主來進行供應。

牧草建議使用稻科的提摩西草。

子宮的疾病

原因與症狀

雌兔過了3歲後，罹患子宮內膜炎或子宮癌等子宮疾病的機率就會增加。當陰部有出血時就要注意，請立刻帶往動物醫院。不過，如果是癌症的話，若是沒有進展到某個程度大多不會有症狀出現，因此等到發現時可能都已經太晚了。

治療與預防

以手術摘除卵巢或子宮來進行治療。由於早期發現非常重要，因此請定期前往動物醫院進行健康檢查。此外，如果沒有計畫讓牠生產，最好在出生後5個月至3歲左右讓牠接受避孕手術，會比較安心。

乳癌

原因與症狀

這是由於荷爾蒙異常或遺傳因素所引發的疾病。乳腺會出現硬塊，病情進展後患部可能會潰爛而出血。雖然很容易轉移到肺部或淋巴節，但由於一直到末期為止，狀態都和平常一樣沒有多大改變，因此可能會不容易發現。

治療與預防

以手術將罹癌部分進行切除。也可以同時進行化學療法。由於早期發現非常重要，因此在平日的健康檢查時，就要確認其乳腺周邊是否有硬塊。

神經系統的疾病・受傷

兔子的骨頭非常輕，只要受到一點撞擊就可能會骨折或脫臼。特別是後腳的骨折非常常見。平日就要加以注意，以免牠從高處掉下來。另外，脖子歪一邊的歪頭症也是兔子很常見的神經系統疾病。

骨折

原因與症狀

大多數的骨折都是由於飼主的疏忽所造成的，例如沒有抱好而不小心讓兔子掉下來、沒有注意而不小心踩到地上的兔子等。腰椎（腰部的脊椎）一旦骨折，可能會造成暫時性的休克。

治療與預防

平日就要十分注意兔子的安全。另外，硬要將抵抗的兔子抱起來時，牠會極力地掙扎，很可能會造成受傷。

萬一骨折了，要立刻帶去給獸醫師診察。治療時會將骨頭加以固定，到痊癒為止都要好好靜養。嚴重時必須要動手術。

歪頭症

原因與症狀

脖子歪向一邊，無法恢復原狀。症狀嚴重時，就連維持姿勢都有困難，可能會在原地一直打轉。當感染了巴斯德桿菌而引起內耳炎、中耳炎，使得平衡器官出現異常時，以及支撐頸部的肌肉或骨骼受傷時就會發生。另外，罹患會引起中樞神經障礙的兔腦炎隱孢子蟲症時，也會出現這樣的症狀。

治療與預防

要投與抗生素來治療。有時一旦發病就很難完全治癒。若是發現有鼻炎症狀時，就要儘早治療。大多數的鼻炎都是因為巴斯德桿菌所引起的，要是置之不理的話，很可能就會引發歪頭症。

脫臼

原因與症狀

雖然不像骨折那麼多，但有時也會出現關節脫臼的情形。股關節、膝蓋骨、肘關節等都很容易脫臼，要注意。狀況輕微的話，幾乎不會出現任何症狀。

治療與預防

就算兔子沒有出現疼痛的模樣，大多還是需要整復治療，因此如果懷疑牠脫臼的話，就要立刻帶往醫院。在預防上，平時就要注意與兔子接觸的方法。

其他的疾病

隨著年齡增長，兔子會變得越來越容易發胖。如果太胖的話，會對身體產生各種不良影響。此外，兔子的身體也可能會出現硬塊。視情況而定，或許需要手術治療，因此還是儘早請醫師診察吧！

膿瘍

原因與症狀

這是細菌從小傷口入侵皮下所產生的硬塊（膿液變硬後的東西）。不只是皮膚，在關節、骨頭、肺部、牙根、眼球後方等各個部位，任何年齡的兔子都可能會發生。

時間一久，皮膚可能會開始腐爛而破裂，還是儘早治療最重要。

治療與預防

以切開手術等讓膿液排出，之後再以消毒藥水洗淨，投與抗生素。如果患有其他疾病的話，會使得免疫力降低，容易產生膿瘍。在日常的健康檢查中，如果發現硬塊的話，請馬上帶去醫院就診。

中暑

原因與症狀

兔子很不耐高溫。雖然在某種程度內可以由耳朵散熱來調節體溫，但如果長時間待在溫度高的地方，會使得體溫上升、呼吸急促、全身癱軟無力；甚至會開始流口水，或是排出紅色的尿液。要是置之不理的話，可能會危及性命，因此要儘早處理。

治療與預防

當兔子變得癱軟無力時，請馬上將牠移至涼爽的場所，以冰毛巾等冷卻牠的身體，然後立刻將牠帶往醫院。

平常就要以空調等確實地進行溫度管理。就算是夏天，也要將室溫維持在28℃以下。尤其長時間不在家時更是要注意。

肥胖

● 原因與症狀

寵物兔很容易因為運動不足而肥胖。肥胖是心臟病、糖尿病、不孕、難產等疾病或不適的根源。此外，由於體重增加的話，腳的負擔也會增加，因此也會變得容易罹患腳底的皮膚病（潰瘍性足部皮膚炎）。

● 治療與預防

留心適度的運動、營養均衡的飲食就可以預防肥胖。此外，要定期測量體重，如果覺得發胖的話，就要試著調整飼料的分量。只要變胖一次，要減肥就很難了，因此要注意才行。

兔子會「傳染給人類的疾病」

被咬、觸摸都會傳染

動物與人類之間傳染的疾病，叫做「人畜共通傳染病」。皮膚真菌症、巴斯德桿菌症、沙門氏菌症、弓漿蟲症等，都是兔子可能會傳染給人類的疾病。另外，蟲蟎或跳蚤等也可能會跑到人類身上。

遊戲過後要洗手，不要與兔子親吻

首先，最重要的是要避免兔子生病。因為也可能會在不注意時感染病原體，所以和兔子遊戲過後請務必要洗手。另外，有的疾病會從唾液傳染，所以請不要親吻兔子或以口餵食。

緊急處理與看病的方法

有時可能會發生身體狀況突然變差、由於突發意外而受傷的情形。萬一發生意外，請冷靜地進行應急處置。

發生意外時，最重要的是飼主要冷靜地應對。

沉著冷靜地處理

清楚辨別症狀，盡可能早點送醫

放兔子出籠遊戲時，只要稍微不注意就有可能會受傷。這時請立刻帶往醫院，讓獸醫師診察吧！

做好最低限度的應急處置

萬一在夜間等動物醫院的休診期間受傷的話，首先要做好應急處置，隔天再儘早帶往醫院。但是，以外行人的判斷來處置的話，可能會讓症狀更加惡化，要注意。

平常就要確認飼育環境的安全

從高處墜落而骨折、燒燙傷、中毒等等，像這樣的意外只要飼主平時整理好飼育環境就可以避免發生。尤其是放兔子出來遊戲的房間，一定要先確認是否安全才行。

從高處墜落了

有骨折或脫臼的可能，要限制其行動帶往醫院

從桌子或椅子上跳下來、飼主要抱時因為想要掙脫而摔落地面等。這時，如果兔子直接蹲在地上不動的話，或許就是骨折或脫臼了。請視情況，萬一兔子老是動也不動，或是移動方式很奇怪的話，就要馬上帶去醫院做檢查。

為了避免惡化，請在提籃或小紙箱裡放入浴巾，不要讓兔子有太多空間活動地帶往醫院吧！

啃咬電線

立刻拔掉插頭，檢查身體狀態

由於兔子有啃咬東西的習性，可能會不小心啃咬到電線。因為有觸電的可能，因此首先要拔掉插頭，確認有無意識。即便看起來好像沒事，但口中可能已經燒傷了，所以還是要接受獸醫師的診察。

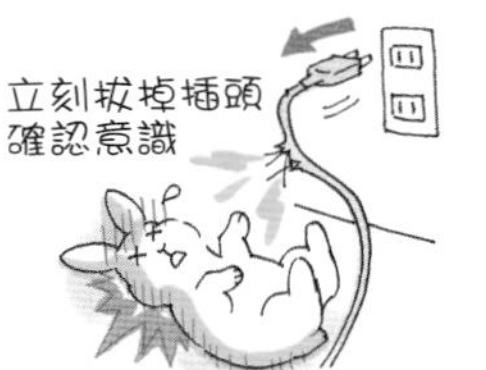

在大熱天裡癱軟無力

有中暑的可能，要立刻冷卻身體

因為兔子不耐暑熱，在大熱天裡留牠獨自在家時，體況可能會變差。以空調調整室內溫度來預防中暑是很重要的。萬一兔子全身癱軟無力時，請立刻將牠移動到涼爽的場所，以冰毛巾來冷卻身體，然後立刻帶往醫院。

燒燙傷了

立刻加以冷卻。為了預防萬一，要到醫院接受診察

有時可能會發生兔子被熱水淋到，或是太靠近暖爐而不小心燒燙傷的意外，而且長時間待在保溫墊上也可能發生低溫燙傷。因為兔子身上長滿了被毛，不易看清楚，因此首先要確認皮膚是否有發紅或是起水泡。之後立刻冷卻，帶往醫院接受診察。

或許是中毒了

把可能引起中毒的物品也一起帶去醫院

有些植物或食物萬一兔子吃進去了可能會引起中毒（請參照114頁）。放牠出籠遊戲時，牠可能會不小心吃下去而讓身體不適。兔子無法自行嘔吐，如果懷疑牠中毒了，就要立刻送醫，並把可能引起中毒的物品也一起帶去。

被其他兔子或動物咬傷了

等牠平靜下來後，視情況帶去醫院

兔子之間打架，或是被貓狗等其他動物咬到時，很可能會受傷而出血。由於細菌可能會從傷口入侵，導致化膿，因此必須立刻消毒，讓獸醫師診察。另外，兔子被咬後在精神上大多會過於緊張亢奮，當飼主想要為牠處理傷口而接近時，很可能會咬人。在處理時請多加小心。

帶往醫院時的 注意事項

■注意溫度的變化，以提籃移動

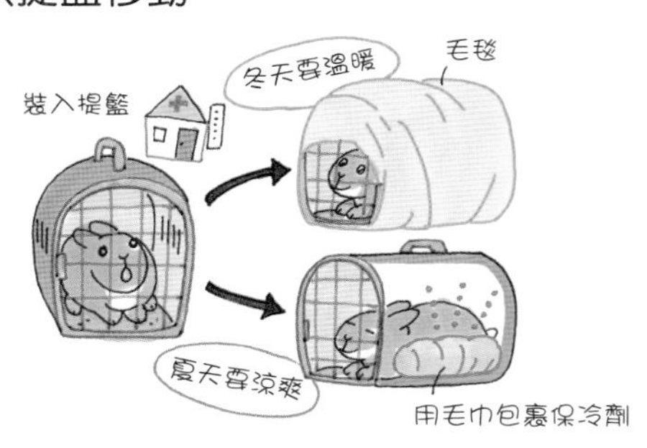

兔子不耐溫差變化。甚至當體況不佳時，只要一點氣溫的變化就會讓病情急轉直下。請留意維持冬暖夏涼的狀態，將牠裝入提籃中，帶去醫院吧！夏天用保冷劑、冬天將暖暖包等貼在提籃上也很不錯喔！

■由負責照顧的人向獸醫師說明病狀

首先要打電話預約就診，然後再帶往醫院。由平常負責照顧兔子的人簡要地向獸醫師說明從何時開始出現了何種症狀。

移動時的注意事項

注意不要讓兔子承受壓力

一旦受傷或是生病了，立刻接受獸醫師的診察是非常重要的。由於兔子有隱瞞生病不適的習性，等到飼主發現異狀時，往往病況已經相當惡化了。一發現有不對勁的地方，請儘早預約診察。

●盡可能縮短移動時間

請選擇最短的路徑前往醫院。搭乘捷運或巴士時，請留心避開交通巔峰時間。

另外，如果移動似乎很花時間的話，不妨在提籃中放入一點牧草或零食等。水分多的蔬菜可以補給水分，也非常推薦。

平常就要讓牠習慣醫院

兔子是很謹慎的動物。可以的話，請每年讓獸醫師做一次健康檢查，好讓兔子習慣醫院的氣氛吧！

在家中 看病的重點

遵照獸醫師的指示

在兔子覺得安穩的環境下讓牠靜養

在醫院接受過診察或治療後，就在家中細心地為牠看病吧！重要的是，要一邊進行必要的照顧，一邊注意牠的樣子有無變化，在一旁守護著牠吧！

維持舒適的溫度和濕度

體況不佳時，特別容易受到溫度和濕度的變化影響。室溫管理要確實，以避免早晚的冷暖溫差。

按照獸醫師的指示投藥

依照症狀不同，可能需要吃藥或塗藥。請確實遵守獸醫師的指示來進行吧！固形或粉狀的藥物，只要混在牠愛吃的水果裡，就可以讓牠順利地吃下去了。

沒有食慾時，要下點工夫來方便牠食用

兔子的消化器官必須要經常運作才行。當牠沒有食慾時，就算只有一點點，也要想辦法讓牠吃東西。即便不吃飼料和牧草，只要換成野草和蔬菜，大多也可以增加食慾。給予水分多的食物，還可以順便補充水分。

給予時，請切成小塊以方便牠食用。飼料也不妨先弄碎看看吧！

餵藥的「訣竅」

訣竅1 平常就讓牠習慣注射器

將兔子喜歡的蔬菜或水果打成汁或磨成泥，裝入注射器裡，偶爾用這種方式來餵食，讓兔子慢慢習慣。萬一日後需要餵藥，作業起來就會比較順利。只要裝進牠愛吃的東西，大多都能夠自己舔著吃。

訣竅2 將注射器的前端插入嘴角

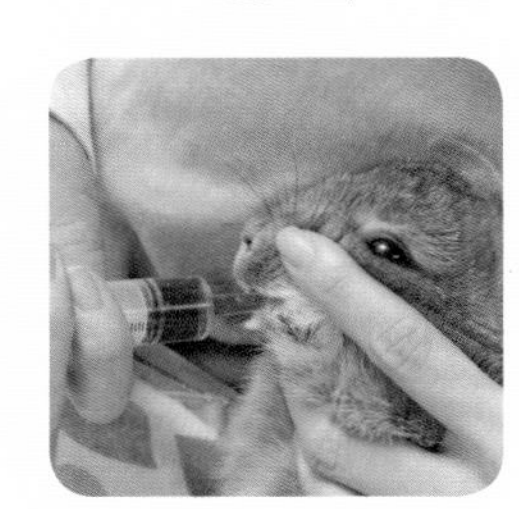

注意不要頂到門牙，將注射器從嘴角插入來餵藥。配合兔子吞嚥的速度，一點一點地讓牠服用就是秘訣所在。

照顧上了年紀的兔子的訣竅

為了讓兔子健康長壽，配合年齡的照顧是不可或缺的。5歲過後，就要重新審視飼育環境。

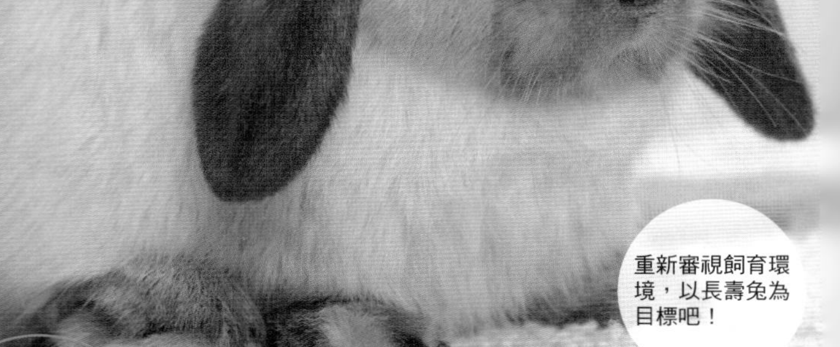

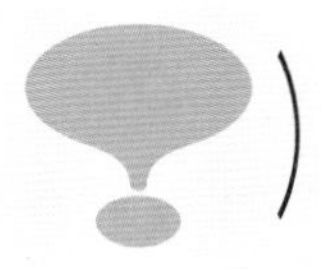

整頓環境

重新審視可以安靜度日的環境及飲食內容

兔子在5歲過後就會開始出現老化的徵兆，體力也會逐漸衰退。由於新陳代謝也會變差，運動量也減少的關係，要開始擔心肥胖的問題。

● 確實進行健康檢查

隨著年齡增長，也有越來越多兔子身上會出現腫瘤。請在每天進行身體護理時觸摸全身，檢查看看是否有硬塊吧！由於也會變得容易罹患其他疾病，最好每年能夠接受一次健康檢查。

● 腿腰開始衰弱，食量也會減少

和人類一樣，一旦上了年紀，兔子的腿腰也會開始衰弱。放牠出來房間裡玩耍、到戶外散步時，請小心高低落差，注意不要讓牠跌倒了。此外，食量減少的話，不妨將飼料敲碎，或是多給牠一些牠愛吃的蔬菜也不錯。

上了年紀後容易罹患的疾病

●腫瘤

除了皮脂腺囊腫、脂肪瘤等良性腫瘤之外，也可能會罹患惡性淋巴瘤、骨肉瘤等惡性腫瘤。

●生殖器官的疾病

沒有接受避孕手術的雌兔可能會罹患子宮癌、乳癌等。如果發現陰部有出血的情況，就要立刻就診。

●骨折・關節不靈活

動作變得遲鈍、出現骨折或關節不靈活的兔子也會變多。如果覺得牠走路方式不對勁的話，請上醫院接受診察。

過了5歲後，就要進行「這樣的照顧」

兔子的壽命大約是6～8歲，但只要好好照顧，
也可以朝10歲以上的長壽兔為目標。

1 注意不要讓溫度有太大的變化

季節交替時急遽的溫度變化、夏天的暑熱、冬天的寒冷、白天與夜晚的溫差等，都會對高齡兔的身體產生影響。請多用點心思，夏天要讓室溫維持在28℃以下，將籠子放在通風良好的地方；冬天則要用毛毯等將籠子圍起來保暖，或是使用保溫墊，好讓牠能溫暖地度過。

2 重新檢視飼料，視情況也可給予營養品

如果給予和年輕時相同的飼料，就會容易發胖。請換成高齡兔用的飼料，或是減少給予的量等，注意不要讓牠變胖了。另外，為了預防尿路結石，牧草最好以稻科的提摩西草為主（因為其中會造成結石的鈣含量較少）。視體況而定，也可以加入營養品。

3 梳毛等身體的護理要仔細

一旦上了年紀，兔子就會越來越少自行理毛了。特別是長毛種，請仔細地為牠梳毛。另外，為了要促進血液循環，也很建議幫牠做按摩。

4 減少環境的變化，讓牠能平靜地度日

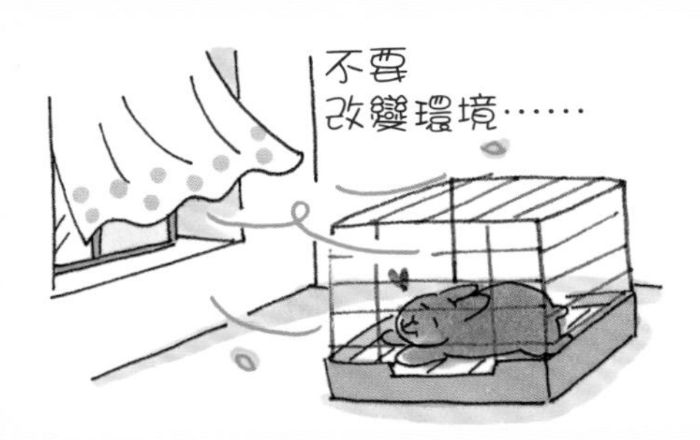

上了年紀的兔子對環境的變化會非常敏感。就連改變籠子的放置場所、換了新的飼料都可能會帶來壓力。請在至今為止未曾改變的環境下，儘量讓牠安穩平靜地度日吧！

當別離的時刻到來時

和兔子的別離是非常痛苦悲傷的。請以滿滿的愛照顧牠到最後一刻吧！

要負責照顧到最後

用滿滿的愛來照顧牠，就是不留下遺憾的最好方法

兔子的壽命平均是7歲左右。和人類相較之下非常短暫，一起度過的快樂日子也終將有結束的一天。

壽命會有個體差異

兔子在野生的世界裡是被捕食的存在。因此一次會產下好幾隻，其中也會有先天就體質虛弱的幼兔。寵物兔也一樣，在壽命上會有個體差異。就算愛兔的壽命比平均壽命還短，也請不要過於自責。

珍惜愉快的回憶

再怎麼用心照顧，還是會有別離的一天。或許會因為悲傷痛苦而讓心情沉重，但是和兔子一起度過的愉快回憶，一定可以成為你一輩子難忘的寶物的。

如何克服喪失寵物症候群？

1 不要強忍悲傷的心情

一味地壓抑感情，之後或許會覺得更加悲傷。想哭的話就盡情地哭吧！

2 向周圍的人吐露心聲

向人傾訴內心的傷痛，心情就會舒暢許多。請向家人、朋友或是同為飼主的伙伴們吐露心聲吧！

3 必要時可接受心理諮詢

無論如何都無法整理好情緒時，也很建議接受心理諮詢。另外，閱讀喪失寵物的經驗談等相關文章，也有助於以客觀的角度來克服悲傷。

送兔子走完最後一程的方法

■ 埋葬於自家庭院等

要在自家庭院進行土葬也可以，不過為了避免貓狗等將遺體挖出，要挖掘約1公尺深的洞才行。埋葬時，如果將遺體裝入塑膠袋或塑膠盒的話，會花費更多時間才能回歸大地。請裝入紙箱中，好好地埋葬牠吧！

■ 利用寵物墓園

目前也有越來越多寵物墓園和寵物專用的葬儀社了。有純粹火葬的、收入納骨塔的，甚至是做出個別墳墓的，飼主可以依照自己的預算及希望來從各種服務項目中進行挑選。

■ 利用防疫所的服務

有些防疫所有寵物專用的火化爐。但大多都會和其他動物的遺體一起進行火葬，而且也無法撿骨。

告別的方法

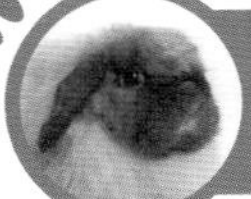

有好幾個選項，請選擇自己可以接受的

當心愛的兔子離世時，有幾種跟牠告別的方法。

● 也可以製作墳墓

家中有庭院的人，也可以將兔子土葬並做出墳墓。此外，最近也有越來越多寵物墓園，可以製作個別墳墓，或是將遺骨收入納骨塔中。不妨在各種服務項目中選擇最適合的吧！

● 不要強忍悲傷

失去了心愛的寵物，有許多飼主都會罹患「喪失寵物症候群」，覺得心裡好像破了一個洞一樣。不需要強迫自己忘記悲傷的心情或是過度忍耐，不妨靜待時間療癒所有的傷痛吧！

RABBIT COLUMN

了解兔子身上的穴道

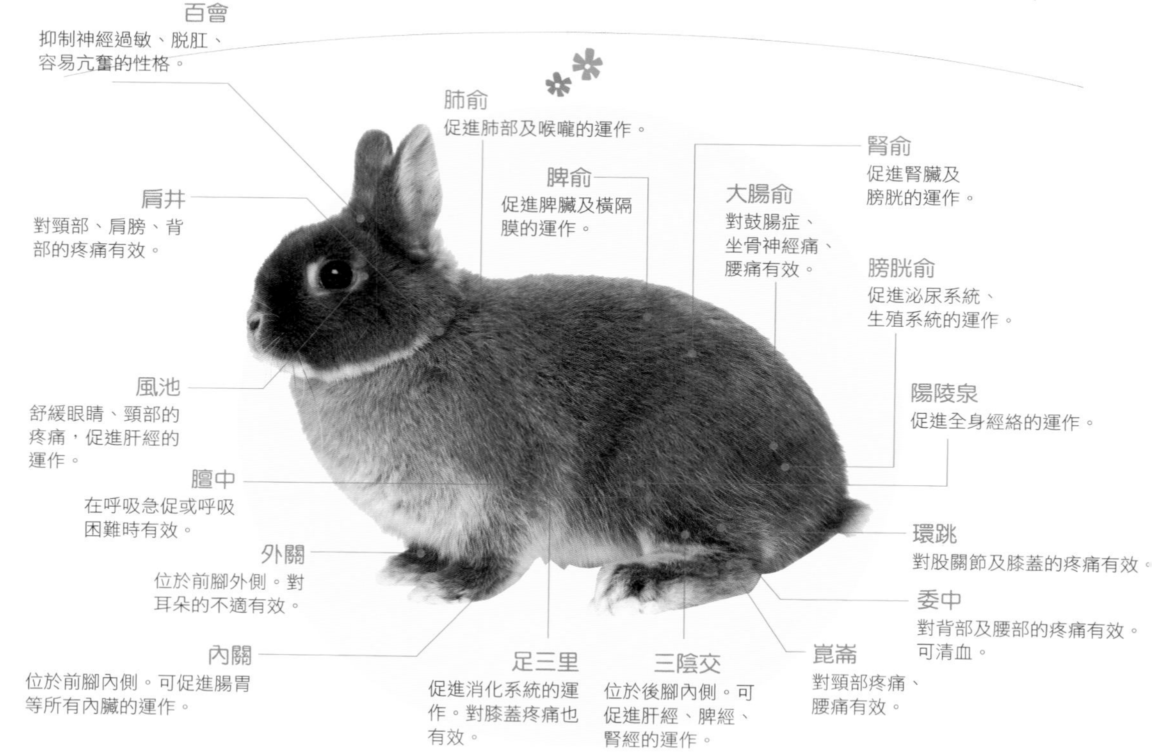

不要勉強，輕柔地為牠刺激穴道

兔子的身體也和人類一樣有穴道。在穴道上輕柔地進行指壓，有助於預防疾病和消除壓力。

在刺激穴道前，首先要撫摸兔子，讓牠放鬆。從頭部到尾根處，慢慢地撫摸大約10次以上；然後溫熱自己的雙手，手指與皮膚呈垂直地按壓穴道。這時，請注意不要太過用力，按照頭部、頸部、背部的順序來進行刺激。

有些兔子不喜歡被人這樣做，因此請勿勉強。請把它當作是一種肌膚接觸，雙方愉快地進行吧！

協力表

兔子的尾巴

●取材・攝影協力

「兔子的尾巴」是以創造兔子的愉快生活，以及作為兔子的最新情報來源，從旁協助兔子與飼主雙方的店鋪為目標。1997年創立了「兔子的尾巴橫濱店」。目前有橫濱店、惠比壽店、洗足店、柴又店等4家店鋪及通信販賣部門。橫濱店、惠比壽店為了提升兔子的地位，以新型態的兔子專賣店為主題，特地聘請了建築家・福山秀親先生進行規劃，充滿和式風味的嶄新店鋪設計也非常受到矚目。在商業室內設計專門雜誌《商店建築》2008年2月號中還特別介紹了橫濱店。從2006年開始，每年11月於橫濱舉辦所有愛兔人士都可以樂在其中的活動「兔子祭」。

●橫濱店　〒235-0007 神奈川県横浜市磯子区西町9-2
TEL：045-762-1232　FAX：045-762-1231

●惠比壽店　〒150-0011 東京都渋谷区東2-24-3
TEL：03-5774-5443　FAX：03-5774-5444

●洗足店　〒145-0062 東京都大田区北千束1-2-2
TEL：03-5726-1771　FAX：03-5701-1061

●柴又店　〒125-0052 東京都葛飾区柴又6丁目12-18
TEL：03-6657-9524　FAX：03-6657-9534

●通販部　〒235-0016 神奈川県横浜市磯子区磯子2-20-51
TEL：045-750-5474　FAX：045-750-5476

●攝影協力

辻口慎一・のぁるくん
岩田和弘・なぎくん&なたくん
小滝敦史・はちくん
竹內綾香・PARNくん
佐藤朋美・マロンくん&もこくん

● 監修者介紹

町田　修

1997年於橫濱創立了兔子專賣店「兔子的尾巴」。以「和兔子一起愉快生活」為座右銘，進行飼育用品的開發，成為兔子的最新資訊來源與啟蒙，並以提升兔子與飼主雙方的地位為目標。參與多種兔子用品的開發，像是（株）川井的稻草俱樂部系列中的兔子坐墊，以及專用兔籠等。

2001年起，以American Rabbit Breeders Association (ARBA)公認・橫濱Bay Rabbit Club (YBRC)會長的身分舉辦兔展。作為ARBA公認種的育種專家，每年前往美國數次，也致力於日本的參展兔的啟蒙。目前為ARBA District One的日本代表之一，大大活躍著。

所屬　Yokohama Bay Rabbit Club (YBRC)
American Rabbit Breeders Association
Holland Lop Rabbit Specialty Club
American Netherland Dwarf Rabbit Club

● 日文原著工作人員

攝影・取材協力
荒金美緒（兔子的尾巴）
女屋田絵（兔子的尾巴）

編輯製作
鈴木麻子（Garden）

照片
中村宣一

插圖
池田須香子

內文設計
（株）TRY

封面設計
SUPER SYSTEM

撰文
山崎陽子

企畫・編輯
成美堂出版編輯部（駒見宗唯直）

※本書刊載的商品有更改設計、結束販售的可能。

※本書刊載之店鋪的住址、電話號碼、URL等有變更的可能。

國家圖書館出版品預行編目資料

兔子的快樂飼養法 / 町田修監修；賴純如譯.
-- 二版. -- 新北市：漢欣文化, 2020.08
160面；21x17公分. -- (動物星球；17)
ISBN 978-957-686-796-5(平裝)
1.兔　2. 寵物飼養

437.374　　109007835

定價320元

動物星球17

兔子的快樂飼養法(暢銷版)

監　　修 / 町田修
譯　　者 / 賴純如
出 版 者 / 漢欣文化事業有限公司
地　　址 / 新北市板橋區板新路206號3樓
電　　話 / 02-8953-9611
傳　　真 / 02-8952-4084
郵撥帳號 / 05837599 漢欣文化事業有限公司
電子郵件 / hsbookse@gmail.com
二版一刷 / 2020年8月

本書如有缺頁、破損或裝訂錯誤，請寄回更換

USAGI NO KAIKATA・TANOSHIMIKATA